U0174539

职业院校智能制造专业"十三五"系列教材

智能制造与机器人应用技术

主　编　张明文　王璐欢

副主编　王　伟　宁　金

参　编　顾三鸿

主　审　霰学会

机械工业出版社

本书主要介绍了智能制造技术的基本知识以及工业机器人在智能制造中的应用，并结合国内外智能制造技术的发展现状，介绍了智能制造的定义、特点、发展以及应用情况，从智能工厂、智能生产、智能物流和智能服务这四个方面介绍了智能制造的内涵。此外，本书还介绍了智能制造关键技术、工业机器人基本知识及在智能制造领域的应用，并介绍了工业机器人视觉技术及应用、智能移动机器人和工业机器人虚拟仿真技术等与智能制造密切相关的知识。通过对本书的学习，读者能够对智能制造技术和工业机器人在智能制造中的应用有一个全面清晰的认识。

本书可作为高职高专智能制造、机电一体化、电气自动化及机器人技术等相关专业的教材，也可供相关行业的技术人员参考使用。

图书在版编目（CIP）数据

智能制造与机器人应用技术/张明文，王璐欢主编. —北京：机械工业出版社，2020.6（2022.8重印）

职业院校智能制造专业"十三五"系列教材

ISBN 978-7-111-65352-3

Ⅰ.①智… Ⅱ.①张…②王… Ⅲ.①智能制造系统-职业教育-教材②工业机器人-职业教育-教材 Ⅳ.①TH166②TP242.2

中国版本图书馆 CIP 数据核字（2020）第 061844 号

机械工业出版社（北京市百万庄大街22号 邮政编码100037）
策划编辑：赵磊磊 王振国 责任编辑：赵磊磊 王振国 侯宪国
责任校对：张 征 封面设计：陈 沛
责任印制：常天培
天津嘉恒印务有限公司印刷
2022 年 8 月第 1 版第 4 次印刷
184mm×260mm·11.75 印张·289 千字
标准书号：ISBN 978-7-111-65352-3
定价：49.80 元

电话服务 网络服务
客服电话：010-88361066 机 工 官 网：www.cmpbook.com
010-88379833 机 工 官 博：weibo.com/cmp1952
010-68326294 金 书 网：www.golden-book.com
封底无防伪标均为盗版 机工教育服务网：www.cmpedu.com

编审委员会

前　言

PREFACE

智能制造作为基于新一代信息技术，贯穿设计、生产、管理、服务等制造活动各个环节，是具有信息深度自感知、智慧优化自决策、精准控制自执行等功能的先进制造过程、系统与模式的集合。随着科学技术的飞速发展，先进制造技术正在向信息化、自动化、智能化方向发展，智能制造技术已成为世界制造业发展的趋势，世界上的主要工业国家正在大力推广和应用。发展智能制造既符合我国制造业发展的内在要求，也是重塑我国制造业新优势，实现工业转型升级的必然选择。

机器人是先进制造业的重要支撑装备，也是未来智能制造业的关键切入点。工业机器人作为机器人家族中的重要一员，是目前技术最成熟、应用最广泛的一类机器人。工业机器人的研发和产业化应用是衡量科技创新和高端制造发展水平的重要标志。发达国家已经把工业机器人产业发展作为抢占未来制造业市场、提升竞争力的重要途径。汽车、电器、工程机械等众多行业大量地使用工业机器人自动化生产线，在保证产品质量的同时，改善了工作环境，提高了社会生产效率，有力地推动了企业和社会生产力发展。

当前，随着我国劳动力成本的上涨，人口红利逐渐消失，生产方式向柔性、智能、精细转变，构建新型智能制造体系迫在眉睫，因此对工业机器人的需求呈现大幅度增长。大力发展工业机器人产业，对于打造我国制造业新优势，推动工业转型升级，加快制造强国建设，改善人民生活水平具有深远意义。《中国制造2025》将机器人产业作为重点发展领域，机器人产业已经上升到国家战略层面。

在传统制造业转型升级的关键阶段，越来越多的企业将面临"设备易得、人才难求"的尴尬局面，所以，实现智能制造，人才培养要先行。《制造业人才发展规划指南》指出，要面向制造业十大重点领域大力培养技术技能紧缺人才，加强职业技能培训教学资源建设和基础平台建设。针对这一现状，为了更好地推广智能制造与工业机器人技术的应用，亟需编写一本系统全面的智能制造与工业机器人应用技术入门教材。

本书主要介绍了智能制造技术的基本知识，围绕智能工厂、智能生产、智能物流和智能服务这四个方面介绍了智能制造的内涵。此外，本书还介绍了智能制造关键技术、工业机器人基本知识及在智能制造领域的应用，并介绍了工业机器人的视觉技术及应用、智能移动机器人和工业机器人虚拟仿真技术等与智能制造密切相关的知识。本书依据初学者的学习需要科学地设置知识点，倡导实用性教学，有助于激发学习兴趣，提高教学效率，便于初学者在短时间内全面、系统地了解智能制造和工业机器人的基本知识。

本书图文并茂，通俗易懂，实用性强，既可作为高职高专智能制造、机电一体化、电气自动化及机器人技术等相关专业的教材，也可供相关行业的技术人员参考使用。为了提高教学效果，在教学方法上，建议采用启发式教学、开放性学习，重视小组讨论；在学习过程中，建议结合本书配套的教学辅助资源，如教学课件、视频素材、教学参考与拓展资料等。

本书由哈工海渡机器人学院的张明文和王璐欢主编。在本书的编写过程中，得到了哈工大机器人集团有关领导、工程技术人员，以及哈尔滨工业大学相关教师的鼎力支持与帮助，在此表示衷心的感谢！

由于编者水平及时间有限，书中难免存在不足之处，敬请读者批评指正。任何意见和建议可反馈至 E-mail：zhangmwen@126.com。

编者

目 录

CONTENTS

第1章

Chapter

绪 论

1.1 国外智能制造国家战略

目前，全球制造业的格局正面临重大调整，新一代信息技术与制造业的不断交叉与融合，引领了以智能化为特征的制造业变革浪潮。为了走出经济发展困境，德国、美国、法国、英国、日本等工业发达国家纷纷提出了"再工业化"发展战略，力图掌握新一轮技术革命的主导权，重振制造业，推进产业升级，营造经济新时代。各国提出的智能制造国家战略见表1-1。

1. 国外智能制造国家战略

表1-1 各国提出的智能制造国家战略

提出时间	2013 年	2013 年	2013 年	2014 年	2014 年	2015 年	2015 年
战略名称	工业 4.0	新工业法国	英国工业 2050 战略	振兴美国先进制造业	印度制造计划	机器人新战略	中国制造 2025
国家	德国	法国	英国	美国	印度	日本	中国

1.1.1 德国"工业4.0"

1. 背景

德国制造业在全球是最具有竞争力的行业之一，特别是在装备制造领域，拥有专业、创新的工业科技产品、科研开发管理以及复杂工业过程的管理体系；在信息技术方面，其以嵌入式系统和自动化为代表的技术处于世界领先水平。为了稳固其工业强国的地位，德国开始对本国工业进行反思与探索，"工业4.0"构想由此产生。

（1）工业1.0　18世纪60年代，随着蒸汽机的诞生，英国发起第一次工业革命，开创了以机器代替手工劳动的时代，蒸汽机带动机械化生产，纺织、冶铁、交通运输等行业快速发展，人类社会进入工业1.0时代，即"机械化"时代，如图1-1所示。

a) 纺织机　　　　　　　　　　　　　b) 蒸汽机车

图1-1　工业1.0——机械化时代

（2）工业2.0　19世纪六七十年代起，电灯、电报、电话、发电机、内燃机等一系列电气发明相继问世，电气动力带动自动化生产，出现第二次工业革命，汽车、石油、钢铁等重化工行业得到迅速发展。人类社会进入工业2.0时代，即"电气化"时代，如图1-2所示。

a) 电灯　　　　　　　　　　　　　b) 电话

图1-2　工业2.0——电气化时代

（3）工业3.0　20世纪四五十年代以来，在原子能、电子计算机、空间技术和生物工程等领域的重大突破，标志着第三次工业革命的到来。这次工业革命推动了电子信息、医药、材料、航空航天等行业的发展，开启了工业3.0时代，即"自动化"时代，如图1-3所示。

a) 第一台通用计算机"埃尼阿克"　　　　　b) 原子弹爆炸

图1-3　工业3.0——自动化时代

（4）工业 4.0　在 2013 年 4 月的汉诺威工业博览会上，德国联邦教研部与联邦经济技术部正式推出以智能制造为主导的第四次工业革命，即"工业 4.0"，并将其纳入国家战略。其内容是指将互联网、大数据、云计算、物联网等新技术与工业生产相结合，最终实现工厂的智能化生产，让工厂直接与消费需求对接。

四次工业革命四个发展阶段的主要特征见表 1-2。

表 1-2　四次工业革命的特征及联系

工业革命	工业 1.0	工业 2.0	工业 3.0	工业 4.0
时间	18 世纪 60 年代	19 世纪六七十年代	20 世纪四五十年代	现在
领域	纺织、交通	汽车、石油、钢铁	电子信息、航空航天	物联网、服务网
代表产物	蒸汽机	电灯、电话、内燃机	原子能、电子计算机	物联网、服务网
主导国家	英国	美国	日本、德国	德国
特点	机械化	电气化	自动化	智能化

2. 概念

工业 4.0 的核心是通过信息物理融合系统（Cyber-Physical System，CPS）将生产过程中的供应、制造、销售信息进行数据化、智能化，达到快速、有效、个性化的产品供应目的。

CPS 是一个综合了计算、通信、控制技术的多维复杂系统，如图 1-4 所示。CPS 将物理设备连接到互联网上，让物理设备具有计算、通信、精确控制、远程协调和自治五大功能，从而实现虚拟网络世界与现实物理世界的融合。CPS 可将资源、信息、物体以及人紧密联系在一起，从而将生产工厂转变为一个智能环境，如图 1-5 所示。

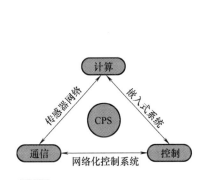

图 1-4　信息物理融合系统的组成

图 1-5　信息物理融合系统网络

工业 4.0 的本质是基于"信息物理融合系统"实现"智能工厂"，是以动态配置的生产方式为核心的智能制造，是未来信息技术与工业融合发展到新的深度而产生的工业发展模式。通过工业 4.0 可以实现生产率大幅提高，产品创新速度加快，满足个性化定制需求，减少生产能耗，提高资源配置效率，解决能源消费等社会问题。

3. 四大主题

工业 4.0 的四大主题是智能工厂、智能生产、智能物流和智能服务。

（1）智能工厂　智能工厂重点研究智能化生产系统及过程，以及网络化分布式生产设施的实现。

（2）智能生产　智能生产主要涉及整个企业的生产物流管理、人机互动以及3D技术在工业生产过程中的应用等。

（3）智能物流　智能物流主要通过互联网、物联网、物流网来整合物流资源，充分提高现有物流资源供应方的效率，而需求方则能够快速获得服务匹配，得到物流支持。

（4）智能服务　智能服务是应用多方面信息技术，以客户需求为目的跨平台、多元化的集成服务。

4. 三大集成

工业4.0将无处不在的传感器、嵌入式终端系统、智能控制系统、通信设施通过CPS形成智能网络，使人与人、人与机器、机器与机器以及服务与服务之间能够互联，从而实现纵向集成、数字化集成和横向集成。

（1）纵向集成　纵向集成关注产品的生产过程，力求在智能工厂内通过互联网建成生产的纵向集成。

（2）数字化集成　数字化集成关注产品整个生命周期的不同阶段，包括设计与开发、安排生产计划、管控生产过程以及产品的售后维护等，实现各个阶段之间的信息共享，从而达成工程的数字化集成。

（3）横向集成　横向集成关注全社会价值网络的实现，从产品的研究、开发与应用拓展至建立标准化策略、提高社会分工合作的有效性、探索新的商业模式以及考虑社会的可持续发展等，从而达成德国制造业的横向集成。

1.1.2　其他各国智能制造战略

1. 美国"振兴美国先进制造业"

（1）背景　20世纪80年代以来，随着经济全球化、国际产业转移及虚拟经济的不断深化，美国的产业结构发生了深刻的变化，制造业日益衰退，"去工业化"趋势明显，虽然美国制造业的增加值逐年提高，但制造业的增加值占国内生产总值的比重却在逐年下降。

2008年金融危机后，美国意识到了发展实体经济的重要性，提出了"再工业化"的口号，主张发展制造业，减少对金融业的依赖。

2014年10月，美国发布《振兴美国先进制造业》报告，用于指导联邦政府支持先进制造业研究开发的各项计划和行动。

（2）内容　《振兴美国先进制造业》指出，加快技术创新、确保人才输送、改善商业环境是振兴美国制造业的三大支柱，具体内容见表1-3。

表1-3　振兴美国制造业的三大支柱说明

支　柱	措　施
加快技术创新	制定国家先进制造业战略，增加优先的跨领域技术的研发投资，建立制造创新研究院网络，促进产业界和大学合作进行先进制造业方面的研究，建立促进先进制造业技术商业化的环境，建立国家先进制造业门户等
确保人才输送	改变公众对制造业的错误观念，利用退伍军人人才库，投资社区进行大学水平的教育，发展伙伴关系提供技能认证，加强先进制造业的大学项目，推出关键制造业奖学金和实习计划等
改善商业环境	颁布税收改革，合理化监管政策，完善贸易政策，更新能源政策等

《振兴美国先进制造业》指出，美国发展的三大优先领域分别是：制造业中的先进传感、先进控制和平台系统；虚拟化、信息化和数字制造；先进材料制造。具体的措施建议见表1-4。

表1-4 美国发展的三大优先领域具体说明

技术领域	措施
制造业中的先进传感、先进控制和平台系统	建立先进制造技术测试平台，建立聚焦于能源优化利用的研究所，制定新的产业标准
虚拟化、信息化和数字制造	建立制造卓越能力中心，建立大数据制造创新研究所，制定CPS安全和数据交换的制造政策标准
先进材料制造	推广材料制造卓越能力中心，利用供应链管理国防资产，制定材料设计数字标准，设立制造业创新奖学金

2. 法国"新工业法国"

（1）背景 根据法国国家统计局的数据，自20世纪80年代开始，法国开始进入"去工业化"时代，制造业就业岗位从1980年的510万下降到2013年的290万，制造业增加值占GDP比重从20.6%下降到10%。

面对伴随"去工业化"而来的工业增加值和就业比重的持续下降，法国政府意识到"工业强则国家强"，于是在2013年9月推出了"新工业法国"战略，旨在通过创新重塑工业实力，使法国重回全球工业第一梯队。

2015年5月18日，法国政府对"新工业法国"战略进行了大幅度调整。"新工业法国Ⅱ"标志着法国"再工业化"开始全面学习德国"工业4.0"。此次调整的主要目的在于优化国家层面的总体布局。

（2）内容 调整后的"新工业法国"总体布局为"一个核心，九大支点"，如图1-6所示。其主要内容是实现工业生产向数字制造、智能制造转型，以生产工具的转型升级带动商业模式变革。

3. 英国"英国工业2050战略"

（1）背景 英国是工业革命的发生地，现代工业的摇篮。自20世纪六七十年代开始，英国制造业经历了巨大变革，制造业在整体经济中所占的比重持续下降，而金融服务业所占的比重则强势上升。这一情况一直持续到2008年金融危机爆发。

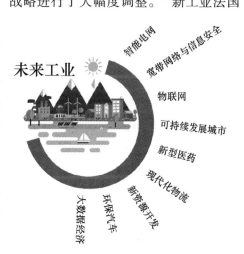

图1-6 未来工业及其九大支点

破裂的金融泡沫、迟缓的经济复苏，让英国重新认识到制造业在维护国家经济韧性方面的重要意义。

强大的、以出口为导向的制造业往往能让一个国家从衰退中更快复苏。基于这一认识，2013年10月英国政府科技办公室推出了"英国工业2050战略"，制定了到2050年的未来制造业发展战略，提出英国制造业发展与复苏的政策。

（2）内容 "英国工业2050战略"展望了2050年制造业的发展状况，并据此分析了英国制造业的机遇和挑战。报告的主要观点是，科技改变生产，信息通信技术、新材料等科技将在未来与产品和生产网络融合，极大地改变产品的设计、制造、提供甚至使用方式。报告认为，未来制造业的主要趋势是个性化的低成本产品需求增大，生产重新分配和制造价值链的数字化。

该战略提出了未来英国制造业的四个特点，如图1-7所示。

一是快速、敏锐地响应消费者需求。生产者将更快地采用新科技，产品定制化趋势加强。制造活动不再局限于工厂，数字技术将极大地改变供应链。

二是把握新的市场机遇。金砖国家和"新钻十一国"将增大全球需

响应消费者需求　　培养高素质劳动力

英国工业2050战略

把握市场新机遇　　可持续发展的制造业

图1-7　未来英国制造业的特点

求，但英国的主要出口对象仍然是欧盟和美国。高科技、高价值产品是英国出口的强项。

三是可持续发展的制造业。全球资源匮乏、气候变化、环保管理完善、消费者消费理念变化等种种因素将使可持续发展的制造业获得青睐，循环经济将成为关注重点。

四是未来制造业将更多地依赖技术工人，应加大力度培养高素质的劳动力。

这一战略将英国制造业的发展提到了新高度。

4. 印度"印度制造计划"

（1）背景　自20世纪90年代初推行市场化改革以来，印度经济走出了一条不同于传统工业化的发展道路，以新兴的软件、信息技术等服务业为增长主引擎，而制造业对国民经济的贡献有限。

2014年9月，印度推出"印度制造计划"，力图改变印度制造业不振的境况。印度政府希望借鉴中国改革开放的成功经验，发挥印度人口多、成本低的优势，扩大对外开放、吸引外资，提供更多的就业岗位，努力缩小印度社会的贫富差距。

（2）内容　"印度制造计划"是以对外开放、自由化、市场化为指导思想，旨在推动本国制造业快速增长的经济计划。

首批重点行业包括汽车、航空、化工、国防军工、电子设备、制药等25大产业；核心思想是"引源扩流"，一方面通过改革组合拳，辅之以积极的经济外交来吸引投资，另一方面扩大对外开放和出口，实现制造业的大幅增长和在全球市场的扩张，到2025年将制造业占GDP的比重提升至25%，并创造大量正式的就业岗位，最终将印度打造成为全球的制造业中心。

5. 日本"机器人新战略"

（1）背景　日本制造业在第二次世界大战后发展迅猛，20世纪60年代的工业年均增长率高达13%。在20世纪70年代，日本基本实现工业现代化。到了20世纪80年代，日本在汽车、半导体等领域超过欧美几个工业大国，成为世界第二大制造国。

进入21世纪后，全球制造业结构调整，日本制造业成本增加，面临巨大挑战。在这个背景下，2015年1月，日本政府推出了"机器人新战略"，旨在应对产业变革的需求和扩大日本在机器人产业的优势。

（2）政策支持　日本是全球工业机器人装机数量最多的国家，其机器人产业也极具竞争力。"机器人新战略"提出了日本发展机器人产业的三大核心目标：

一是成为"世界机器人创新基地"，通过增加产、学、官合作，增加用户与厂商的对接机会，诱发创新，同时推进人才培养、下一代技术研发，开展国际标准化等工作，彻底巩固机器人产业的培育能力。

二是成为"世界第一的机器人应用国家"，在制造、服务、医疗护理、基础设施、自然灾害应对、工程建设、农业等领域广泛地使用机器人，在战略性推进机器人开发与应用的同时，打造应用机器人所需的环境，使机器人随处可见。

三是"迈向世界领先的机器人新时代"，随着物联网的发展和数据的高级应用，所有物体都将通过网络互联，日常生活中将产生无限多的大数据。

1.2 中国制造 2025

制造业是国民经济的基础，是科技创新的主战场，是立国之本、兴国之器、强国之基。当前，全球制造业的发展格局和我国的经济发展环境正发生着重大变化，因此必须紧紧抓住当前难得的战略机遇，突出创新驱动，优化政策环境，发挥制度优势，实现中国制造向中国创造转变，中国速度向中国质量转变，中国产品向中国品牌转变。

2. 中国制造 2025

1.2.1 背景

中国制造业的规模位列世界第一，门类齐全、体系完整，在支撑中国经济社会发展方面发挥着重要作用。在制造业重新成为全球经济竞争制高点，中国经济逐渐步入中高速增长新常态，中国制造业亟待突破大而不强旧格局的背景下，"中国制造 2025"应运而生。

2014 年 10 月，中国和德国联合发表了《中德合作行动纲领：共塑创新》，重点突出了双方在制造业就"工业 4.0"计划的携手合作。双方以中国担任 2015 年德国汉诺威消费电子、信息及通信博览会合作伙伴国为契机，推进两国在移动互联网、物联网、云计算、大数据等领域的合作。

借鉴德国的"工业 4.0"计划，我国主动应对新一轮科技革命和产业变革，在 2015 年推出"中国制造 2025"，并在部分地区开展试点工作。

1.2.2 主要内容

1. "三步走"战略

"中国制造 2025"提出中国从制造业大国向制造业强国转变的战略目标，通过信息化和工业化深度融合来引领和带动整个制造业的发展。通过"三步走"实现我国的战略目标：

第一步，力争用十年时间迈入制造强国行列。到 2025 年，制造业的整体素质大幅提升，创新能力显著增强，全员劳动生产率明显提高，工业化和信息化融合迈上新台阶。

第二步，到 2035 年，我国制造业整体达到世界制造强国阵营中等水平。其创新能力大幅提升，在重点领域的发展取得重大突破，整体竞争力明显增强，优势行业形成全球创新引领能力，全面实现工业化。

第三步，新中国成立一百年时，制造业大国地位更加巩固，综合实力进入世界制造强国前列。制造业主要领域具有创新引领能力和明显竞争优势，建成全球领先的技术体系和产业体系。

2. 基本原则和方针

围绕实现制造强国的战略目标，"中国制造2025"明确了四项基本原则和五项基本方针，如图1-8、图1-9所示。

图1-8　四项基本原则

图1-9　五项基本方针

3. 五项重点工程

"中国制造2025"将重点实施五项重点工程，如图1-10所示。

（1）国家制造业创新中心建设工程　重点开展行业基础和共性关键技术研发、成果产业化、人才培训等工作；2015年建成15家，2020年建成40家制造业创新中心。

（2）智能制造工程　开展新一代信息技术与制造装备融合的集成创新和工程应用；建立智能制造标准体系和信息安全保障系统等。

（3）工业强基工程　以关键基础材料、核心基础零部件（元器件）、先进基础工艺、产业技术基础为发展重点。

（4）绿色制造工程　组织实施传统制造业能效提升、清洁生产、节水治污等专项技术改造；制定绿色产品、绿色工厂、绿色企业标准体系。

图1-10　五项重点工程

（5）高端装备创新工程　组织实施大型飞机、航空发动机、智能电网、高端诊疗设备等一批创新和产业化专项、重大工程。

4. 十大重点领域

"中国制造2025"提出的十大重点领域，如图1-11所示，涉及领域无不属于高技术产业和先进制造业领域。

（1）新一代信息技术产业

1）集成电路及专用装备：着力提升集成电路的设计水平，不断丰富知识产权（IP）和

图 1-11 十大重点领域

设计工具，提升国产芯片的应用适配能力。

2）信息通信设备：掌握新型计算、高速互联、先进存储、体系化安全保障等核心技术，推动核心信息通信设备的体系化发展与规模化应用。

3）操作系统及工业软件：开发安全领域操作系统等工业基础软件，推进自主工业软件的体系化发展和产业化应用。

（2）高档数控机床和机器人

1）高档数控机床：开发一批数控机床与基础制造装备及集成制造系统，加快高档数控机床、增材制造等前沿技术和装备的研发。

2）机器人：围绕汽车、机械、电子、危险品制造、国防军工、化工、轻工等工业机器人、特种机器人，以及医疗健康、家庭服务、教育娱乐等服务机器人的应用需求，积极研发新产品，促进机器人向标准化、模块化方向发展，扩大市场应用。突破机器人本体、减速器、伺服电机、控制器、传感器与驱动器等关键零部件及系统集成设计制造等技术瓶颈。工业机器人示例如图 1-12 所示。

（3）航空航天装备 加快大型飞机的研制，建立发动机自主发展工业体系，开发先进机载设备及系统，形成自主完整的航空产业链。发展新一代运载火箭、重型运载器，提升进入空间的能力。推进航天技术的转化与空间技术的应用。

a）HRG—HR3 机器人　　　　b）哈工海渡—SCARA 机器人

图 1-12 工业机器人示例

（4）海洋工程装备及高技术船舶　大力发展深海探测、资源开发利用、海上作业保障装备及其关键系统和专用设备，掌握重点配套设备设计制造核心技术。

（5）先进轨道交通装备　加快新材料、新技术和新工艺的应用，研制先进可靠适用的产品，建立世界领先的现代轨道交通产业体系。

（6）节能与新能源汽车　继续支持电动汽车、燃料电池汽车的发展，掌握汽车核心技术，形成从关键零部件到整车的完整工业体系和创新体系。

（7）电力装备　推进新能源和可再生能源装备的发展，突破关键元器件和材料的制造及应用技术，形成产业化能力。

（8）农机装备　重点发展粮食和战略性经济作物主要生产过程使用的先进农机装备，推进形成面向农业生产的信息化整体解决方案。

（9）新材料　以先进复合材料为发展重点，加快研发新材料制备关键技术和装备。

（10）生物医药及高性能医疗器械　发展药物新产品，提高医疗器械的创新能力和产业化水平。重点发展影像设备、高性能诊疗设备、移动医疗产品，实现新技术的突破和应用。

1.2.3　中国制造 2025 与德国工业 4.0

如果说德国的"工业 4.0"是德国作为制造业大国，希望在未来制造业的各环节中全面接入互联网技术，将数字信息与现实社会实现联系可视化，那么"中国制造 2025"则代表了中国在由制造大国向制造强国转型过程中的顶层设计和路径选择。

1. 区别

德国"工业 4.0"主要聚焦在制造业高端产业和高端环节，而"中国制造 2025"是对中国制造业转型升级的整体谋划，不仅提出培育发展新兴产业的路径，同时重视对传统产业进行改造升级。两者在发展基础、战略任务、主要举措方面均有不同，见表 1-5。

表 1-5　中国制造 2025 与德国工业 4.0 的区别

项目	中国制造 2025	德国工业 4.0
发展基础	中国制造业的发展水平参差不齐，相当一部分企业还处在"工业 2.0"的阶段，因此需要推进工业 2.0、工业 3.0 和工业 4.0 并行发展道路	德国已普遍处于从工业 3.0 向工业 4.0 过渡阶段，拥有强大的机械和装备制造业，在自动化工程领域已经具有很高的技术水平
战略任务	以推进信息化和工业化深度融合为主线，大力发展智能制造，构建信息化条件下的产业生态体系和新型制造模式	着眼高端设备，提出建设"信息物理融合系统"，推进智能制造
主要措施	除了将智能制造作为主攻方向之外，还在全球化、创新、质量品牌建设、绿色制造等方面提出了具体要求	建立智能工厂，实现智能生产

2. 联系

"中国制造 2025"和德国"工业 4.0"都是在新一轮科技革命和产业变革背景下针对制造业发展提出的一个重要战略举措，有异曲同工的发展理念，即均强调信息技术和产业生产的结合，强调的一个主攻方向是"智能制造"。此外，"中国制造 2025"中提及的作为智能制造基础的信息物理融合系统（CPS），也是德国"工业4.0"所强调的核心概念。所以二者之间"合"大于"竞"，尤其在战略执行的前期，中国工业化发展与德国工业化历史有着非常相近和相似之处。

1.3 智能制造的提出及建设意义

1.3.1 智能制造的提出

智能制造与德国提出的"工业4.0"方向趋同，是我国乃至世界制造业的发展方向。智能制造的提出远早于"中国制造2025"，最早是以"改造和提升制造业"的形式提出，见表1-6。

表1-6 智能制造的提出

时 间	政 策 名 称	内 容 要 点
2011 年	"十二五"规划	明确提出要"改造和提升制造业"
2012 年 4 月	工信部《智能制造科技发展"十二五"专项规划》	明确提出了"智能制造"
2012 年 7 月	《"十二五"国家战略性新兴产业发展规划》	提出要重点发展"智能制造装备产业"，推进制造过程、使用过程中的自动化、智能化和绿色化
2013 年 12 月	工信部《关于推进工业机器人产业发展的指导意见》	提出工业机器人的重要地位
2015 年 5 月	"中国制造2025"	明确未来10年中国制造业的发展方向，将智能制造确立为"中国制造2025"的主攻方向

1.3.2 智能制造的建设意义

随着科学技术的飞速发展，先进制造技术正在向信息化、自动化、智能化方向发展，智能制造技术已成为世界制造业发展的客观趋势，世界上主要工业发达国家正在大力推广和应用。发展智能制造既符合我国制造业发展的内在要求，也是重塑我国制造业新优势，实现转型升级的必然选择。那么，发展智能制造对于中国制造业有哪些意义？

1. 推动制造业升级

长期以来，我国制造业主要集中在中低端环节，产业附加值低。发展智能制造业已经成为实现我国制造业从低端制造向高端制造转变的重要途径。同时，将智能制造这一新兴技术快速应用并推广，通过规模化生产尽快收回技术研究开发投入，从而持续推进新一轮的技术创新，推动智能制造技术的进步，实现制造业升级。

2. 重塑制造业新优势

当前，我国制造业面临来自发达国家加速重振制造业与发展中国家以更低生产成本承接

12

国际产业转移的"双向挤压"。我国必须加快推进智能制造技术研发，提高产业化水平，以应对传统低成本优势削弱所面临的挑战。此外，发展智能制造业可以应用更节能环保的先进装备和智能优化技术，有助于从根本上解决我国生产制造过程中的节能减排问题。

1.3.3 智能制造的人才培养

在传统制造业转型升级的关键阶段，越来越多的企业将面临"设备易得、人才难求"的尴尬局面，所以，实现智能制造，人才培育要先行。智能化制造的"智"是信息化、数字化，"能"是精益制造的能力，智能制造最核心的是智能人才的培养，从精英人才的培养到智能人才的培养，这一过渡也是制造企业面临的最重要问题。

2017 年，《制造业人才发展规划指南》（以下简称《指南》）指出，要大力培养技术技能紧缺人才，鼓励企业与有关高等学校、职业学校合作，面向制造业十大重点领域建设一批紧缺人才培养培训基地，开展"订单式"培养。《指南》对制造业十大重点领域的人才需求进行预测，如图 1-13 所示。

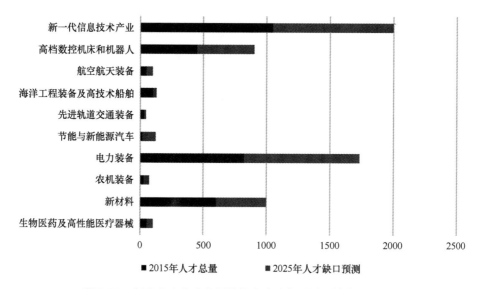

图 1-13　制造业十大重点领域的人才需求预测（单位：万人）

注：数据源自教育部、人社部、工信部 2017 年《制造业人才发展规划指南》。

《指南》指出：要支持基础制造技术领域人才培养；加强基础零部件加工制造人才培养，提高核心基础零部件的制造水平和产品性能；加大对传统制造类专业建设投入力度，改善实训条件，保证学生"真枪实练"；采取多种形式支持学校开办、引导学生学习制造加工等相关学科专业。

小　　结

智能制造是我国乃至世界制造业的发展方向。本章介绍了各个国家智能制造战略的基本情况，重点介绍了德国"工业 4.0"和"中国制造 2025"的主要内容，在此基础上，归纳总结了智能制造的提出和建设意义。

思　考　题

1. 四次工业革命的特征分别是什么？
2. 工业 4.0 的核心是什么？
3. 工业 4.0 的四大主题是什么？
4. 请简述"中国制造 2025"提出的"三步走"战略主要内容。

第2章

Chapter

智能制造概述

2.1 智能制造的定义与特点

　　智能制造源于人工智能的研究。一般认为，智能是知识和智力的总和，前者是智能的基础，后者是指获取和运用知识求解的能力。

　　智能制造应当包含智能制造技术和智能制造系统，其中智能制造系统不仅能够在实践中不断地充实知识库，具有自学习功能，还有搜集与理解环境信息和自身的信息，并进行分析判断和规划自身行为的能力。

3. 智能制造概念

1. 智能制造的定义

　　根据我国《国家智能制造标准体系建设指南》对智能制造的定义，智能制造是基于新一代信息技术，贯穿设计、生产、管理、服务等制造活动的各个环节，具有信息深度自感知、智慧优化自决策、精准控制自执行等功能的先进制造过程、系统与模式的总称。

　　智能制造由智能机器和人类专家共同组成，在生产过程中，通过通信技术将智能装备有机地连接起来，实现生产过程自动化，并通过各类感知技术收集生产过程中的各种数据，通过工业以太网等通信手段上传至工业服务器，在工业软件系统的管理下进行数据处理分析，并与企业资源管理软件相结合，提供最优化的生产方案或者定制化生产，最终实现智能化生产。

2. 智能制造的主要特点

　　智能制造系统（Intelligent Manufacturing System，IMS）集自动化、柔性化、集成化和智

能化于一身，具有以下几个显著特点，如图 2-1 所示。

（1）自组织能力 IMS 中的各种组成单元能够根据工作任务的需要自行集结成一种超柔性最佳结构，并按照最优的方式运行。其柔性不仅表现在运行方式上，还表现在结构形式上。完成任务后，该结构自行解散，以备在下一个任务中集结成新的结构。自组织能力是 IMS 的一个重要标志。

（2）自律能力 IMS 具有搜集与理解环境信息及自身信息，并进行分析判断和规划自身行为的能

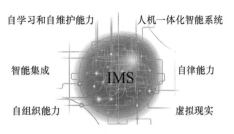

图 2-1 智能制造系统的显著特点

力。强有力的知识库和基于知识的模型是自律能力的基础。IMS 能根据周围环境和自身作业状况的信息进行监测和处理，并根据处理结果自行调整控制策略，以采用最佳的运行方案。这种自律能力使整个制造系统具备抗干扰自适应和容错等能力。

（3）自学习和自维护能力 IMS 能以原有的专家知识为基础，在实践中不断进行学习，完善系统的知识库，并删除库中不适用的知识，使知识库更趋合理；同时，还能对系统故障进行自我诊断、排除及修复。这种特征使 IMS 能够自我优化并适应各种复杂的环境。

（4）智能集成 整个制造系统的智能集成 IMS 在强调各个子系统智能化的同时，更注重整个制造系统的智能集成。这是 IMS 与面向制造过程中特定应用的"智能化孤岛"的根本区别。IMS 包括了各个子系统，并把它们集成为一个整体，实现整体的智能化。

（5）人机一体化智能系统 IMS 不单纯是"人工智能"系统，而是人机一体化智能系统，是一种混合智能。人机一体化一方面突出人在制造系统中的核心地位，同时在智能机器的配合下，更好地发挥了人的潜能，使人机之间表现出一种平等共事、相互"理解"、相互协作的关系，使两者在不同的层次上各显其能，相辅相成。因此，在 IMS 中，高素质、高智能的人将发挥更好的作用，机器智能和人的智能将真正地集成在一起。

（6）虚拟现实 虚拟现实是实现虚拟制造的支持技术，也是实现高水平人机一体化的关键技术之一。人机结合的新一代智能界面，使得可用虚拟手段智能地表现现实，它是智能制造的一个显著特征。

综上所述，可以看出 IMS 作为一种模式，它是集自动化、柔性化、集成化和智能化于一身，并不断向纵深发展的先进制造系统。

 ## 2.2 智能制造技术体系

智能制造从本质上说是一个智能化的信息处理系统，该系统属于一种开放性的体系，原料、信息和能量都是开放的。智能制造融合了信息技术、先进制造技术、自动化技术和人工智能技术。智能制造技术体系自下而上共四层，分别为商业模式创新、生产模式创新、运营模式创新和决策模式创新，如图 2-2 所示。

其中，商业模式创新包括开发智能产品，推进智能服务；生产模式创新包括应用智能装备，自底向上建立智能生产线，构建智能车间，打造智能工厂；运营模式创新包括践行智能研

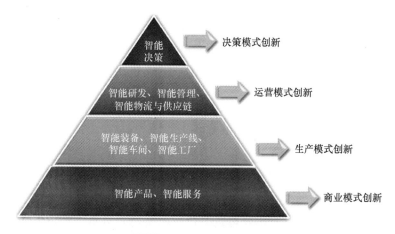

图 2-2　智能制造技术体系

发，形成智能物流和供应链体系，开展智能管理；决策模式创新指的是最终实现智能决策。

　　智能制造技术体系的四个层级之间是息息相关的，制造企业应当渐进式、理性地推进智能制造技术的应用。

1. 商业模式创新

　　（1）开发智能产品　智能产品通常包括机械元件、电气元件和嵌入式软件，具有记忆、感知、计算和传输功能。典型的智能产品包括智能手机、智能可穿戴设备、无人机、智能汽车、智能家电、智能售货机等，以及很多智能硬件产品，如图 2-3、图 2-4 所示。

图 2-3　智能汽车

图 2-4　无人机执行喷洒作业

　　（2）推进智能服务　智能服务可以通过网络感知产品的状态，从而进行预测性维修维护，及时帮助客户更换备品备件；可以通过了解产品运行的状态，帮助客户带来商业机会；还可以采集产品运营的大数据，辅助企业进行市场营销的决策。企业开发面向客户服务的APP，也是一种智能服务，可以针对客户购买的产品提供有针对性的服务，从而锁定用户，开展服务营销。

2. 生产模式创新

　　（1）应用智能装备　智能装备具有检测功能，可以实现在线检测，从而补偿加工误差，提高加工精度，还可以对热变形进行补偿。以往一些精密装备对环境的要求很高，现在由于有了闭环的检测与补偿，可以降低对环境的要求。智能装备应当提供开放的数据接口，能够支持设备联网。

（2）建立智能生产线　钢铁、化工、制药、食品饮料、烟草、芯片制造、电子组装、汽车、轴承等行业的企业高度依赖自动化生产线，以实现自动化的加工、装配和检测。很多企业的技术改造重点就是建立自动化的生产线、装配线和检测线。汽车、家电、轨道交通等行业的企业对生产线和装配线进行自动化及智能化的改造需求十分旺盛，很多企业将关键工位和高污染工位改造为用机器人进行加工、装配或上下料，如图2-5所示。电子工厂通过在产品的托盘上放置射频识别（RFID）芯片来识别零件的装配工艺，可以实现不同类型产品的混线装配，如图2-6所示。

图2-5　某汽车智能生产线　　　　　　　　　图2-6　某电子工厂的智能总装线

（3）构建智能车间　要实现车间的智能化，需要对生产状况、设备状态、能源消耗、生产质量、物料消耗等信息进行实时采集和分析，从而进行高效排产和合理排班，以显著提高设备利用率。某智能车间的生产模型如图2-7所示。

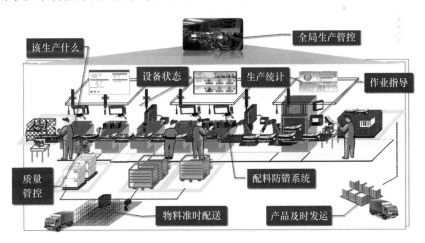

图2-7　某智能车间的生产模型

使用制造执行系统（MES）可以帮助企业显著提升设备利用率，提高产品质量，实现生产过程可追溯，提高生产效率。数字映射技术不仅可以将MES系统采集到的数据在虚拟的三维车间模型中实时地展现出来，而且还可以显示设备的实际状态，实现虚实融合。

智能车间必须建立有线或无线的工厂网络，能够实现生产指令的自动下达和设备与生产线信息的自动采集。实现车间的无纸化，也是智能车间的重要标志，通过应用三维轻量化技术和工业平板、触摸屏，可以将设计和工艺文档传递到工位。

（4）打造智能工厂　智能工厂不仅生产过程应实现自动化、透明化、可视化、精益化，产品检测、质量检验和分析、生产物流也应当与生产过程实现闭环集成，也要实现信息共享、准时配送、协同作业。一些离散的制造企业也建立了生产指挥中心，对整个工厂进行指挥和调度，及时发现和解决突发问题，这也是智能工厂的重要标志。

智能工厂需要应用企业资源计划（ERP）系统制订多个车间的生产计划，并由 MES 根据各个车间的生产计划进行详细排产。MES 排产的粒度是天、小时，甚至分钟。智能工厂内部各环节如图 2-8 所示。

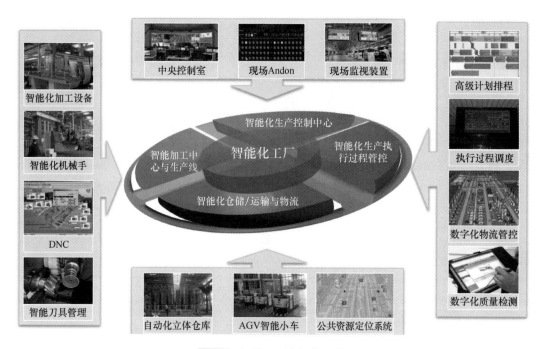

图 2-8　智能工厂内部各环节

3. 运营模式创新

（1）践行智能研发　离散制造企业在产品智能研发方面，应用了计算机辅助设计（CAD）、计算机辅助制造（CAM）、计算机辅助工程（CAE）、计算机辅助工艺过程设计（CAPP）、电子设计自动化（EDA）等工具软件和产品数据管理（PDM）、产品周期管理（PLM）系统。

（2）形成智能物流和供应链体系　制造企业越来越重视物流自动化，自动化立体仓库、无人引导小车（AGV）、智能吊挂系统得到了广泛应用，智能分拣系统、堆垛机器人、自动辊道系统的应用日趋普及。仓储管理系统（WMS）和运输管理系统（TMS）也受到制造企业的普遍关注。其中，TMS 涉及全球定位系统（GPS）和地理信息系统（GIS）的集成，可以实现供应商、客户和物流企业三方之间的信息共享。

（3）开展智能管理　实现智能管理的前提条件是，基础数据的准确性和主要信息系统的无缝集成。智能管理主要体现在各类运营管理系统与移动应用、云计算、电子商务和社交网络的集成应用。企业资源计划（ERP）是制造企业现代化管理的基石，以销定产是 ERP 最基本的思想，物料需求计划（MRP）是 ERP 的核心。制造企业核心的运营管理系统还包括人力资产管理系统（HCM）、客户关系管理系统（CRM）、企业资产管理系统（EAM）、能源管理系统（EMS）、供应商关系管理系统（SRM）、企业门户（EP）和业务流程管理系统（BPM）等。

4. 决策模式创新

企业在运营过程中，产生了大量来自各个业务部门和业务系统的核心数据，这些数据一般是结构化的数据，可以进行多维度分析与预测，这是智能决策的范畴。同时，制造企业有诸多大数据，包括生产现场采集的实时生产数据、设备运行的大数据、质量的大数据、产品运营的大数据、电子商务带来的营销大数据，以及来自社交网络的与公司有关的大数据等，对工业大数据的分析需要引入新的分析工具。

智能制造系统具有数据采集、数据处理、数据分析的能力，能够准确地执行指令，能够实现闭环反馈；而智能制造的趋势是能够实现自主学习、自主决策、不断优化。

2.3 智能制造与数字制造

2.3.1 数字制造的定义与分类

1. 数字制造的定义

数字制造是指采用数字化的手段对制造过程、制造系统与制造装备中复杂的物理现象和信息演变过程进行定量描述、精确计算、可视模拟与精确控制。数字制造是数字技术与制造技术不断融合和应用的结果。

4. 智能制造与
数字制造

2. 数字制造的分类

数字制造是计算机数字技术、网络信息技术与制造技术不断融合、发展和应用的结果，也是制造企业、制造系统和生产系统不断实现数字化的必然。数字制造的概念轮图如图 2-9 所示，其中网络制造是数字制造的全球化实现，虚拟制造是数字工厂和数字产品的一种具体体现，电子商务制造是数字制造的一种动态联盟。

数字制造从不同角度理解可以分为三类：以控制为中心的数字制造、以设计为中心的数字制造和以管理为中心的数字制造。

（1）以控制为中心的数字制造 以数字量实现加工过程的物料流、加工流和控制流的表征、存储与控制，就形成了以控制为中心的数字制造。

（2）以设计为中心的数字制造 将制造、

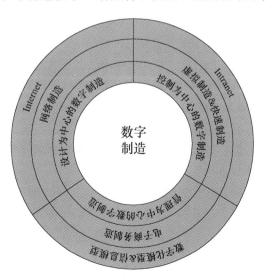

图 2-9 数字制造的概念轮图

检测、装配等方面的所有规划以及产品设计、制造、工艺、管理、成本核算等所有信息数字化，并被制造过程的全阶段所共享，就形成了以产品设计为中心的数字制造。

（3）以管理为中心的数字制造　为了使制造企业经营生产过程能随市场需求快速的重构和集成，出现了能覆盖整个企业从产品的市场需求、研究开发、产品设计、工程制造、销售、服务、维护等生命周期中信息的产品数据管理系统（PDM），从而实现以"产品"和"供需链"为核心的过程集成，这就是以管理为中心的数字制造。

3. 数字孪生

数字化制造中涉及一个概念，那就是 Digtal Twin，称之为"数字孪生"或者"数字镜像"。

（1）概念　数字孪生是一种拟人化的说法，是指利用数字化技术营造的与现实世界对称的数字化镜像，可以理解成在虚拟的数字世界里按照真实的物理产品建立的一套对应的数字化表达。数字孪生的示例图如图 2-10 所示。

a) 机械设备数字孪生　　　　b) 哈工海渡工业机器人技能考核实训台数字孪生

图 2-10　设备数字孪生示例

通过数字孪生技术可以将现实世界中复杂的产品研发、生产制造和运营维护转换成在虚拟世界相对低成本的数字化信息。通过对虚拟的产品进行优化，可以加快产品的研发周期，降低产品的生产成本，方便对产品进行维护保养。

（2）组成　数字孪生涵盖了产品数字孪生、生产工艺流程数字孪生和设备数字孪生三个部分。

1）产品数字孪生：在产品研发领域，可以建立虚拟的数字化产品模型，如包含工艺信息的三维 CAD 模型，然后对其进行仿真测试和验证，以更低的成本做更多的样品。

2）生产工艺流程数字孪生：在生产管理领域，可将数字化模型构建在生产管理体系中，在运营和生产管理的平台上对生产进行调度、调整和优化。

3）设备数字孪生：在设备管理领域，可以通过模型来模拟设备的运动和工作状态，实现机械和电气设备的联动。

以上三个部分高度集成，成为一个统一的数据模型。可以从测试、开发、工艺及运维等角度，打破现实与虚拟之间的鸿沟，实现产品全生命周期内生产、管理、连接的高度数字化及模块化。

2.3.2　数字制造与智能制造的联系

智能制造是在数字制造基础上发展的更前沿阶段，其实现离不开数字制造的基础。智能制造过程以知识和推理为核心，数字制造过程以数据和信息处理为核心。

数字制造是智能制造的基础。以机床为例，计算机与机床结合产生的数控机床，实现了程序化控制，这是数字化时代的产物。智能机床则需要传感器随时感知其工作状况、环境参数，需要有能够体现人们对加工工艺过程优化的知识的智能控制软件，即传感器、数控机床、智能控制三者共同构成智能机床。

智能制造是数字制造的提升。仍以机床加工为例，数控机床按照程序规定的命令执行，若加工过程中出现振动、主轴发热等问题，机床自身是无法控制的。而智能机床则可以随时监测刀具是否出现磨损、主轴是否发热过多、振动是否加剧等，并可随时干预加工过程，改变运行参数，降低转速、减小进给速度，或者停止运转等，以达到保护机床或保证加工质量的效果。

智能制造系统与数字制造系统也有着本质区别，见表2-1。

表2-1　智能制造系统与数字制造系统的本质区别

	数 字 制 造	智 能 制 造
处理对象	数据	知识
处理方法	停留在数据处理层面	基于新一代人工智能
建模的数学方法	经典数学（微积分）	非经典数学（智能数学）
性能	在使用过程中是不断退化的	具有自优化功能，其性能在使用过程中可以不断优化
容错功能	在环境异常或使用错误时无法正常工作	具有容错功能

2.3.3　从数字制造到智能制造

企业可以通过以下三条具体途径来实现从数字制造到智能制造。

1. 制造环节智能化

从智能设计到智能加工、智能装配、智能管理、智能服务，实现制造过程各环节的智能化，进而实现智能制造，如图2-11所示。

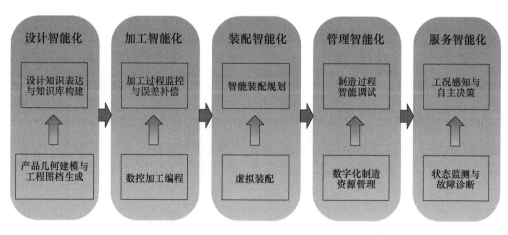

图2-11　制造环节智能化

2. 流水线作业智能化

通过机器换人工，利用机械手、自动化控制设备或自动流水线推动企业流水线作业智能化。其中，流水线作业智能化可以分四个步骤进行：机器换人工、自动换机械、成套换单台、智能换数字，如图 2-12 所示。

图 2-12　流水线作业智能化四大步骤

3. 机器人智能化

在工业机器人核心技术与关键零部件自主研制取得突破性进展的基础上，提高工业机器人的智能化水平，使机器人的操控越来越简单，不需要人示教，甚至不需要高级技术人员的操作即可完成作业任务。

2.4　智能制造的发展趋势

当今世界制造业智能化发展的趋势可分为五个主要的方向：计算机建模与仿真，机器人和柔性化生产，物联网和务联网，供应链动态管理、整合与优化，增材制造技术。

1. 计算机建模与仿真技术

数字化企业系统建模主要包含基于建模的工程、基于建模的制造和基于建模的维护三个主要组成部分，涵盖从产品设计、制造到服务完整的产品全生命周期业务。从虚拟的工程设计到现实的制造工厂直至产品的上市流通，建模与仿真技术始终服务于产品生命周期的每个阶段，为制造系统的智能化提供使能技术。计算机建模与仿真如图 2-13 所示。

2. 机器人和柔性化生产

柔性与自动生产线和机器人的使用可以积极地应对劳动力短缺和用工成本上涨，如图 2-14 所示。以工业机器人为代表的自动化制造装备在生产过程中的应用日趋广泛，在汽车、电子设备、奶制品和饮料等行业已大量使用基于工业机器人的自动化生产线。

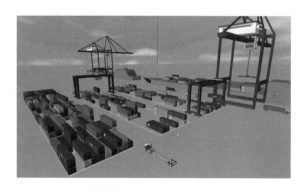

图 2-13　建模与仿真示例

图 2-14　柔性化生产线示例

3. 物联网和务联网

通过虚拟网络——实体物理系统，整合智能机器、储存系统和生产设施。通过物联网、服务计算、云计算等信息技术与制造技术融合，构成制造务联网，以实现软硬件制造资源和能力的全系统、全生命周期、全方位的透彻的感知、互联、决策、控制、执行和服务化，使得从入场物流配送到生产、销售、出厂物流和服务，实现人、机、物、信息的集成、共享、协同与优化的云制造。

4. 供应链动态管理、整合与优化

供应链管理是一个复杂、动态、多变的过程，供应链管理更多地应用物联网、互联网、人工智能、大数据等新一代信息技术，更倾向于使用可视化的手段来显示数据，采用移动化的手段来访问数据。供应链管理更加重视人机系统的协调性，实现人性化的技术和管理系统。

5. 增材制造技术

增材制造技术（3D 打印技术）是综合材料、制造、信息技术的多学科技术。它以数字模型文件为基础，运用粉末状的沉积、黏合材料，采用分层加工或叠加成行的方式逐层增加材料来生成各三维实体。3D 打印产品示例如图 2-15 所示。

a) 3D打印自行车　　　　　　　　b) 3D打印飞机发动机

图 2-15　3D 打印产品示例

3D 打印突出的特点是，无需机械加工或模具，就能直接从计算机数据库中生成任何形状的物体，从而缩短研制周期、提高生产效率和降低生产成本。3D 打印与云制造技术的融合将是实现个性化、社会化制造的有效制造模式与手段。

小　结

本章介绍了智能制造的基础理论知识。智能制造为基于新一代信息技术，贯穿设计、生产、管理、服务等制造活动各个环节，具有信息深度自感知、智慧优化自决策、精准控制自执行等功能的先进制造过程、系统与模式的总称。智能制造技术体系自下而上共四层，分别为商业模式创新、生产模式创新、运营模式创新和决策模式创新。智能制造是在数字制造基础上发展的更前沿阶段，其实现离不开数字制造的基础。

思　考　题

1. 智能制造的定义是什么？
2. 智能制造的主要特点是什么？
3. 智能制造的技术体系分为哪几层？
4. 请简述数字孪生技术的基本概念。

第 **3** 章

hapter

智能制造内涵

　　"工业 4.0"是以智能制造为主导的第四次工业革命，旨在通过将信息技术和网络空间虚拟系统相结合等手段，实现制造业的智能化转型。"中国制造 2025"做出的全面提升中国制造业发展质量和水平的重大战略部署，是要强化企业的主体地位，激发企业活力和创造力。在智能制造过程中，凸显出工业 4.0 的四个主题：智能工厂、智能生产、智能物流和智能服务，如图 3-1 所示。其侧重点说明见表 3-1。

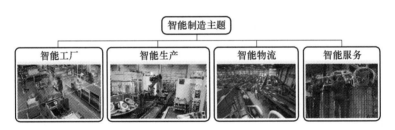

图 3-1　智能制造主题

表 3-1　智能制造主题侧重点说明

主　题	侧重点说明
智能工厂	侧重点在于企业的智能化生产系统和制造过程，以及对于网络化分布式生产设施的实现
智能生产	侧重点在于企业的生产物流管理、制造过程人机协同以及 3D 打印技术在企业生产过程中的协同应用
智能物流	侧重点在于通过互联网、物联网来整合物流资源，充分发挥现有的资源效率
智能服务	智能服务作为制造企业的后端网络，其侧重点在于通过服务联网结合智能产品为客户提供更好的服务，发挥企业的最大价值

3.1 智能工厂

3.1.1 智能工厂的内涵与特征

1. 智能工厂的内涵

智能工厂作为未来第四次工业革命的代表，不断向实现物体、数据以及服务等无缝连接的互联网（物联网、数据网和服务互联网）的方向发展，其概念模型如图3-2所示。

5. 智能工厂

25

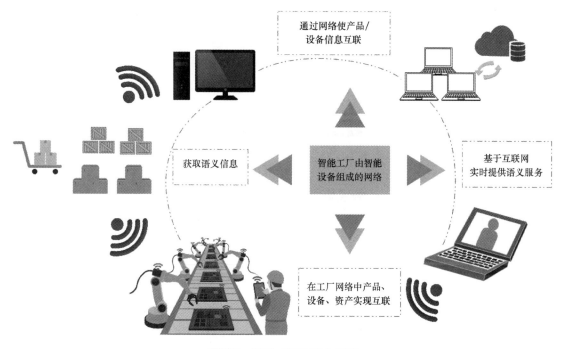

图3-2 智能工厂的概念模型

智能工厂是传统制造企业发展的一个新的阶段。它是在数字化工厂的基础上，利用物联网和设备监控技术加强信息管理及服务，清楚地掌握产销流程，提高生产过程的可控率，减少生产线上人工的干预，及时采集生产线数据，合理地安排生产计划与生产进度，采用绿色制造手段，构建高效节能、绿色环保、环境舒适的人性化工厂。

未来各工厂将具备统一的机械、电器和通信标准。以物联网和服务互联网为基础，配备传感器、无线网络和 RFID 通信技术的智能控制设备，可对生产过程进行智能化监控。因此，智能工厂可自主运行，工厂中的零部件与机器可互相交流。

2. 智能工厂的主要特征

智能工厂建立在工业大数据和"互联网"的基础上，需要实现设备互联、广泛应用工业软件、结合精益生产理念、实现柔性自动化、实现绿色制造、实时洞察，做到纵向、横向和端到端的集成,以实现优质、高效、低耗、清洁、灵活的生产。

(1) 设备互联　能够实现设备与设备互联,通过与设备控制系统集成,以及外接传感器等方式,由 SCADA(数据采集与监控系统)实时采集设备的状态、生产完工的信息、质量信息,并通过应用 RFID(无线射频技术)、条码(一维和二维)等技术实现生产过程的可追溯,如图 3-3 所示。

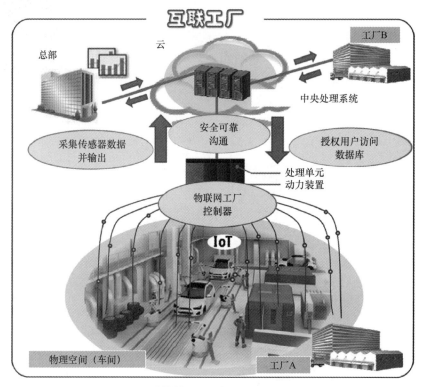

图 3-3　设备互联示例

(2) 广泛应用工业软件　广泛应用 MES(制造执行系统)、APS(先进生产排程)、能源管理、质量管理等工业软件,实现生产现场的可视化和透明化。在新建工厂时,可以通过数字化工厂仿真软件,进行设备和生产线布局、工厂物流、人机工程等仿真,确保工厂结构合理。在推进数字化转型的过程中,必须确保工厂的数据安全、设备和自动化系统安全。在通过专业检测设备检出次品时,不仅要能够自动与合格品分流,而且能够通过 SPC(统计过程控制)等软件分析出现质量问题的原因。

(3) 结合精益生产理念　充分体现工业工程和精益生产的理念,能够实现按订单驱动拉动式生产,尽量减少在制品的库存,消除浪费。推进智能工厂建设要充分结合企业产品和工艺特点,在研发阶段也需要大力推进标准化、模块化和系列化,以奠定推进精益生产的基础。

(4) 实现柔性自动化　结合企业的产品和生产特点,持续提升生产、检测和工厂物流的自动化程度。产品品种少、生产批量大的企业可以实现高度自动化;小批量、多品种的企业则应当注重少人化、人机结合,不要盲目推进自动化,应当特别注重建立智能制造单元。

物流自动化对于实现智能工厂至关重要,企业可以通过自动导引运输车(AGV)、货物提升机、悬挂式输送链等物流设备实现工序之间的物料传递，并配置物料超市，尽量将物料配送到线边，如图3-4所示。质量检测的自动化也非常重要，机器视觉在智能工厂的应用将会越来越广泛。此外，还需要仔细考虑如何使用助力设备，减轻工人的劳动强度。

a) AGV

b) 货物提升机出入库

图3-4　工厂物流设备

（5）注重环境友好，实现绿色制造　能够及时采集设备和生产线的能源消耗，实现能源的高效利用。在危险和存在污染的环节，优先用机器人替代人工，能够实现废料的回收和再利用。

（6）实现实时洞察　从生产排产指令的下达到完工信息的反馈，实现闭环。通过建立生产指挥系统来实时地洞察工厂的生产、质量、能耗和设备状态信息，以避免非计划性停机。通过建立工厂的数字孪生（Digital Twin）来方便地洞察生产现场的状态，以辅助各级管理人员做出正确决策。

仅有自动化生产线和工业机器人的工厂，还不能称为智能工厂。智能工厂不仅生产过程应实现自动化、透明化、可视化、精益化，而且产品检测、质量检验和分析、生产物流等环节也应当与生产过程实现闭环集成。一个工厂的多个车间之间也要实现信息共享、准时配送和协同作业。

3.1.2　智能工厂的组成与建设模式

1. 智能工厂的组成

工业物联网和工业服务网是智能工厂的信息技术基础，工业自动化中的 ERP-MES-PCS 三层架构以过程控制系统（PCS）为基础的生产过程控制，以产品生命周期管理（PLM）为中心的工厂产品设计技术和售后服务，以供应链管理（SCM）、客户关系管理（CRM）等为中心的原材料供应物流和制成品的销售物流，来实现一体化的解决方案，上下连通现场控制设备与企业管理平台，以实现数据的无缝连接与信息共享，如图3-5所示。

图3-5　智能工厂控制系统

（1）企业资源计划 企业资源计划（Enterprise Resource Planning，ERP）是一种主要面向制造行业进行物质资源、资金资源和信息资源集成一体化管理的企业信息管理系统。ERP是以管理会计为核心，可以提供跨地区、跨部门甚至跨公司整合实时信息的企业管理软件。ERP将系统的物资、人才、财务、信息等资源进行整合调配，从而实现企业资源的合理分配和利用，作为一种管理工具存在的同时也体现着一种管理思想，适合于中小型企业。ERP的组成如图3-6所示。

图3-6 企业资源计划的组成

（2）制造执行系统 制造执行系统（Manufacturing Execution System，MES）是一套面向制造企业车间执行层的生产信息化管理系统。MES可以为企业提供制造数据管理、计划排程管理、生产调度管理、库存管理、质量管理、人力资源管理、工作中心/设备管理、工具工装管理、采购管理、成本管理、项目看板管理、生产过程控制、底层数据集成分析、上层数据集成分解等管理模块，为企业打造一个扎实、可靠、全面可行的制造协同管理平台，如图3-7所示。

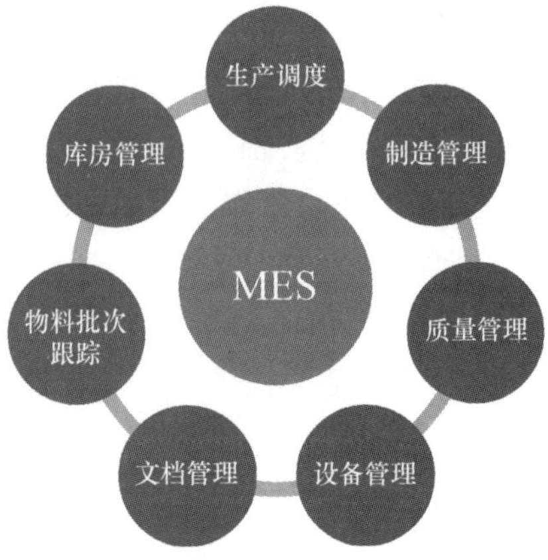

（3）过程控制系统 过程控制系统（Process Control System，PCS）有时称为"工业控制系统（ICS）"，可收集制造过程中产生的各类数据，并返回数据，以进行状态监控和故障排除。过程控制系统包括了各种不同类型的系统，如监督控制和数据采集系统（SCADA），可编程序控制器（PLC）或分布式控制系统（DCS），它们协同工作，收集并传输制造过程中的各种数据。

（4）产品生命周期管理 产品生命周期管理（Product Lifecycle Management，PLM），是对

图3-7 生产过程执行管理系统的组成

产品的整个生命周期（包括投入期、成长期、成熟期、衰退期、结束期）进行全面管理，通过投入期的研发成本最小化和成长期至结束期的企业利润最大化来达到降低成本和增加利润的目标，如图3-8所示。

（5）供应链管理 供应链管理（Supply Chain Management，SCM）主要通过信息手段对

供应链（图 3-9）的各个环节中的各种物料、资金、信息等资源进行计划、调度、调配、控制与利用，形成用户、销售商、分销商、制造商、原材料供应商的全部供应过程的功能整体。

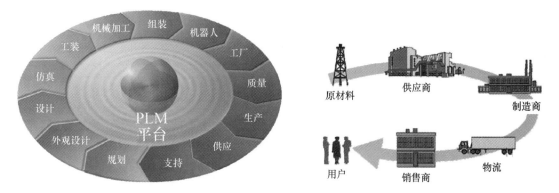

图 3-8　PLM 系统的组成　　　　　　　图 3-9　供应链组成环节

（6）客户关系管理　客户关系管理（Customer Relationship Management，CRM），作为一种新型管理机制，CRM 极大地改善了企业与客户之间的关系，实施于企业的市场营销、产品销售、服务与技术支持等与客户相关的领域。CRM 系统可以及时地获取客户需求和为客户提供服务使企业减少"软"成本，如图 3-10 所示。

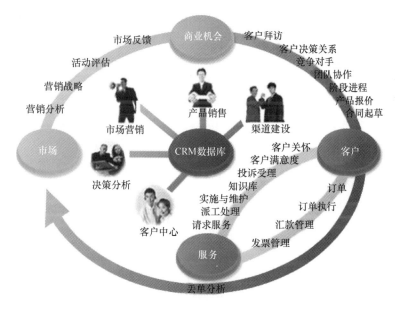

图 3-10　客户关系管理内容

2. 智能工厂的建设模式

智能工厂的建设模式包括三种：从数字工厂到智能工厂，从智能生产单元到智能工厂，以及从个性化定制到智能工厂，如图 3-11 所示。

（1）从数字工厂到智能工厂　在石化、钢铁、冶金、建材、纺织、造纸、医药、食品

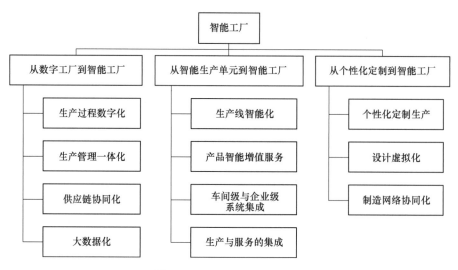

图 3-11　智能工厂的建设模式

等流程制造领域，企业发展智能制造的内在动力在于产品品质可控，侧重从生产数字化建设起步，基于品控需求从产品末端控制向全流程控制转变。

因此，其智能工厂的建设模式为：

一是推进生产过程数字化，在生产制造、过程管理等单个环节信息化系统建设的基础上，构建覆盖全流程的动态透明可追溯体系，基于统一的可视化平台实现产品生产全过程跨部门协同控制。

二是推进生产管理一体化，搭建企业信息物理系统（CPS），深化生产制造与运营管理、采购销售等核心业务系统集成，促进企业内部资源和信息的整合和共享。

三是推进供应链协同化，基于原材料采购和配送需求，将 CPS 拓展至供应商和物流企业，横向集成供应商和物料配送协同资源和网络，实现外部原材料供应和内部生产配送的系统化、流程化，提高工厂内外供应链运行效率。

四是整体打造大数据化智能工厂，推进端到端集成，开展个性化定制业务。

（2）从智能生产单元到智能工厂　在机械、汽车、航空、船舶、轻工、家用电器和电子信息等离散制造领域，企业发展智能制造的核心目的是拓展产品的价值空间，侧重从单台设备自动化和产品智能化入手，基于生产效率和产品效能的提升实现价值增长。

因此，其智能工厂的建设模式为：

一是推进生产线智能化，通过引进各类符合生产所需的智能装备来建立基于 CPS 的车间级智能生产单元，提高精准制造、敏捷制造能力。

二是拓展基于智能产品的增值服务，利用产品的智能装置实现与 CPS 的互联互通，支持产品的远程故障诊断和实时诊断等服务。

三是推进车间级与企业级系统集成，实现生产和经营的无缝集成和上下游企业间的信息共享，开展基于横向价值网络的协同创新。

四是推进生产与服务的集成，基于智能工厂实现服务化转型，提高产业效率和核心竞争力。

（3）从个性化定制到智能工厂　在家电、服装、家居等距离用户最近的消费品制造领域中，企业发展智能制造的重点在于充分满足消费者多元化需求的同时实现规模经济生产，侧重通过互联网平台开展大规模个性定制模式创新。

因此，其智能工厂的建设模式为：

一是推进个性化定制生产，引入柔性化生产线，搭建互联网平台，促进企业与用户深度交互、广泛征集需求，基于需求数据模型开展精益生产。

二是推进设计虚拟化，依托互联网逆向整合设计环节，打通设计、生产、服务数据链，采用虚拟仿真技术优化生产工艺。

三是推进制造网络协同化，变革传统的垂直组织模式，以扁平化、虚拟化新型制造平台为纽带集聚产业链上下游资源，发展远程定制、异地设计、当地生产的网络协同制造新模式。

3.1.3　案例分析

图 3-12 所示为某汽车公司对 2030 年智能工厂的构想：传统的生产流水线已经不存在，零部件通过无人机在车间里传递，客户通过三维扫描获得身体尺寸以定制座椅，工人与机器人协同工作，车身零部件由 3D 打印机打印，汽车以自动驾驶的方式驶离装配线。在打造智能工厂的过程中，会看到所有车型，但找不到两辆完全相同的汽车。

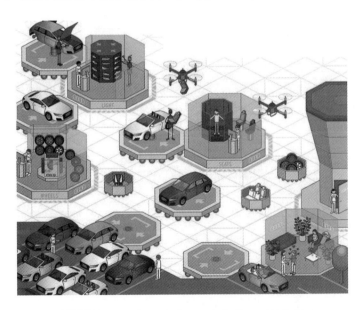

图 3-12　某汽车公司对 2030 年智能工厂的构想

在这个智能工厂中，通过虚拟现实系统，生产中心的员工能够将虚拟 3D 零部件投影到汽车上，从而实现虚拟世界与现实世界的汽车开发精确结合。在模具部门，先进的 3D 打印设备能够生产出复杂的金属零部件，其智能工具可以通过准确的高压分配对金属板材进行冲压。在工厂的装配车间，机器人与员工在生产线上并肩工作，机器人以适当的速度和符合人体工学的位置向员工传送零部件。

3.2 智能生产

智能生产就是使用智能装备、传感器、过程控制、智能物流、制造执行系统、信息物理融合系统组成的人机一体化系统。智能生产按照工艺设计层面来讲，要实现整个生产制造过程的智能化生产、高效排产、物料自动配送、状态跟踪、优化控制、智能调度、设备运行状态监控、质量追溯和管理、车间绩效等；对生产、设备、质量的异常做出正确的判断和处置；实现制造执行与运营管理、研发设计、智能装备的集成；实现设计制造一体化，管控一体化。

6. 智能生产、物流与服务

智能生产的示例如图 3-13 所示。生产线上的各种智能设备通过工业以太网或工业无线网络相连，设备及产品的各项关键数据可实时地传输到控制中心，并被控制中心分析监控。不同岗位的工作人员可以通过控制中心实时地掌握产品生产状态和设备运行状态，实现生产过程的智能化。

图 3-13　智能生产示例

3.2.1　智能生产的设计目标

智能生产系统的设计目标如图 3-14 所示。

1. 装备数字化智能化

为了适用个性化定制的需求，制造装备必须是数字化、智能化的。根据制造工艺的要求，构建若干柔性制造系统（FMS）、柔性制造单元（FMC）、柔性生产线（FML）。

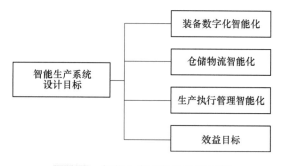

图 3-14　智能生产系统的设计目标

32

每个系统能独立完成一类零部件的加工、装配、焊接等工艺过程，具有自动感知、自动化、智能化、柔性化的特征。

2. 仓储物流智能化

仓储是物流过程的一个环节，根据需求建设智能仓储，保证了货物仓库管理各个环节数据输入的速度和准确性，确保企业及时准确地掌握库存的真实数据，合理保持和控制企业库存。通过科学的编码，还可方便地对库存货物的批次、保质期等进行管理。

3. 生产执行管理智能化

以精益生产、约束理论为指导，建设不同生产类型的、先进的、适用的制造执行系统（MES）。内容包括实现不同类型车间的作业计划编制，作业计划的下达和过程监控，车间在制物料的跟踪和管理，车间设备的运维和监控，生产技术准备的管理，刀具的管理，制造过程质量管理和质量追溯，车间绩效管理，车间可视化管理。实现车间全业务过程的透明化、可视化的管理和控制。

4. 效益目标

通过智能装备、智能物流、智能管理的集成，来排除影响生产的一切不利因素，优化车间资源利用率，提高设备利用率，降低车间物料在制数，提高产品质量，提高准时交货率，提高车间的生产制造能力和综合管理水平，提高企业快速响应客户需求的能力和竞争能力。

3.2.2 智能生产的总体框架

智能生产系统在信息物理融合系统和标准规范的支持下，由智能装备与控制系统［由若干柔性制造系统（FMS）、柔性制造单元（FMC）、柔性加工线（FML）组成］、智能仓储和物流系统、智能制造执行系统三部分组成。智能生产系统的总体框架如图3-15所示。

1. 智能装备与控制系统

智能装备与控制系统是智能生产系统的基础装备，它由若干FMS组成，FMS的组成如图3-16所示。柔性制造系统是由数控加工设备、物料运储装置和计算机控制系统组成的自动化制造系统，它包括多个柔性制造单元，能根据制造任务或生产环境的变化迅速进行调整，适用于多品种、中小批量生产。

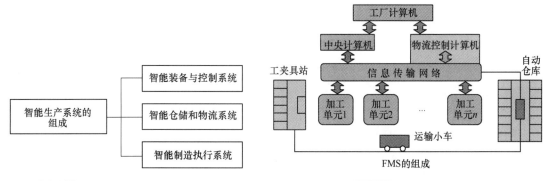

图 3-15 智能生产系统的总体框架 　　　　图 3-16 FMS 的组成

（1）柔性制造系统的特点（图3-17）

1）机器柔性：机器设备具有随产品的变化而加工不同零件的能力。

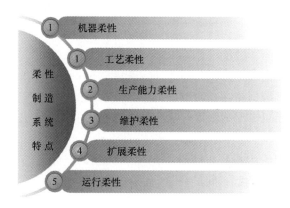

图 3-17   柔性制造系统特点

2）工艺柔性：能够根据加工对象的变化或原材料的变化而确定相应的工艺流程。

3）生产能力柔性：当生产量改变时，系统能及时做出反应而经济地运行。

4）维护柔性：系统能采用在线监控方式、故障诊断技术，保障设备正常进行。

5）扩展柔性：当生产需要的时候，可以很容易地扩展系统结构、增加模块，构成一个更大的制造系统。

6）运行柔性：利用不同的机器、材料、工艺流程来生产一系列产品的能力。

（2）柔性制造系统的主要功能

1）能自动管理零件的生产过程，自感知加工状态，自适应控制，自动控制制造质量，自动进行故障诊断与处理，自动进行信息收集与传输。

2）简单地改变加工工艺过程，就能制造出某一零件族的多种零件。

3）在柔性制造系统的线边，设有物料储存和运输系统，对零件的毛坯、随行夹具、刀具，零件进行存储，并按照系统指令将这些物料自动化传送。

4）能解决多机床条件下零件的混流加工问题，且无需额外增加费用。

5）具有优化调度管理功能，能实现无人化或少人化加工。

2. 智能仓储和物流系统

从精益生产的角度，希望库存越少越好，但是受到供货批量、供货半径、运输成本等因素的影响，有时库存又是必需的。建设智能仓储和物流系统是实现智能生产的重要组成部分。

智能仓储和物流系统由仓储物流信息管理系统、自动控制系统和物流设施设备系统组成，如图 3-18 所示。

3. 智能制造执行系统

智能制造执行系统（MES）是一套面向制造企业车间执行层的生产信息化管理系统。图 3-19 所示为 ISA-95 国际标准为制造执行系统制定的生产业务管理活动模型，包括 8 项管理活动：产品定义管理、生产资源管理、详细的生产计划、生产调度、生产执行管理、生产数据采集、生产跟踪、生产完工情况分析。在实际应用中会增加质量管理和绩效管理。

制造执行系统（MES）为企业创造的价值是：缩短在制品的周转和等待时间，提高设备利用率和车间生产能力，提高现场异常情况的响应和处理能力，缩短计划编制周期以及减

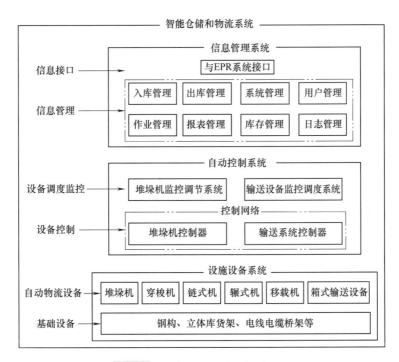

图 3-18 智能仓储和物流系统模型

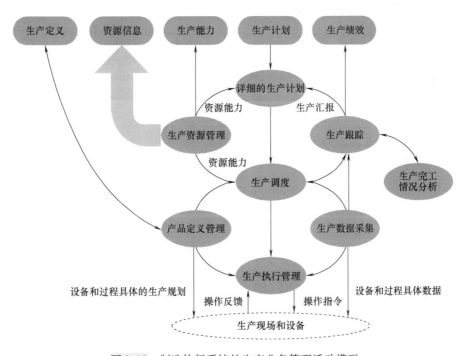

图 3-19 制造执行系统的生产业务管理活动模型

少计划人员的人力成本,提高计划准确性,从计划的粗放式管理向细化到工序的详细计划转变,提高生产统计的准确性和及时性,降低库存水平和在制品数量,不断改善质量控制过程，提高产品质量。

3.3 智能物流

随着物联网、大数据、云计算等相关技术的深入发展与普及，日益兴起的物联网技术融入交通物流领域，有助于智能物流的跨越式发展和优化升级。"物流"是最能体现物联网技术优势的行业，也是该技术的主要应用领域之一。

智能物流借助地理信息系统（GIS）、运输导航、RFID和移动互联网等多种技术手段，对物流车辆和货物进行实时监控管理；通过电子标签和智能识别系统来增强货物识别和信息收集能力，从而提高运营效率，优化整体物流系统。

3.3.1 智能物流的定义与特点

1. 智能物流的定义

智能物流就是利用条形码、射频识别技术、传感器、全球定位系统等先进的物联网技术通过信息处理和网络通信技术平台广泛应用于物流业运输、仓储、配送、包装、装卸等基本环节，实现货物运输过程的自动化运作和效率优化管理，提高物流行业的服务水平，降低成本，减少自然资源和社会资源消耗。智能物流可实现的功能如图3-20所示。

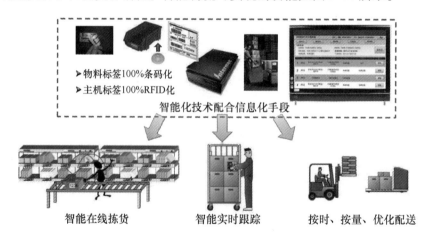

> ➤ 物料标签100%条码化
> ➤ 主机标签100%RFID化
>
> 智能化技术配合信息化手段

智能在线拣货　　　　智能实时跟踪　　　　按时、按量、优化配送

图 3-20　智能物流可实现功能示例

智能物流在实施过程中强调的是物流过程数据智慧化、网络协同化和决策智慧化。智能物流在功能上要实现6个"正确"，即正确的货物、正确的数量、正确的地点、正确的质量、正确的时间和正确的价格，在技术上要实现物品识别、地点跟踪、物品溯源、物品监控和实时响应。

2. 智能物流的特点

智能物流的特点如图3-21所示。

（1）智能化　运用数据库和数据分析，对物流具有一定反应机理，可以做出相应措施，使物流系统智能化。

（2）一体化和层次化　以物流管理为中心，实现物流过程中运输、存储、包装、装卸等环节的一体化和智能物流系统的层次化。

（3）柔性化　由于电子商务的发展，使以前以生产商为中心的商业模式转为以消费者为中心的商业模式，根据消费者需求来调节生产工艺，从而实现物流系统的柔性化。

图3-21　智能物流的特点

（4）社会化　智能物流的发展会带动区域经济和互联网经济的高速发展，从而在某些方面改变人们的生活方式，从而实现社会化。

3.3.2　核心技术的应用现状

国内外智能物流运用的核心技术应用现状包括以下四个部分。

1. 集成化的物流规划设计仿真技术

近年来，集成化的物流规划设计仿真技术在美国、日本等发达国家发展很快，并在应用中取得了很好的效果。集成化的物流规划设计仿真技术能够通过计算机仿真模型来评价不同的仓储、库存、客户服务和仓库管理策略对成本的影响。物流规划设计仿真技术的适用范围十分广泛，包括冷冻食品仓储、通信产品销售配送、制药和化工行业的企业物流等。

2. 物流实时跟踪技术

国外的综合物流公司已建立自身的全程跟踪查询系统，为用户提供货物的全程实时跟踪查询，这些区域性或全球性的物流企业利用网络上的优势，目前正在将其业务沿着主营业务向供应链的上游和下游企业延伸，提供大量的增值服务。

在国内，中国邮政已决定建立并完善其 Internet 服务的物流配送环节，此外一些地方的运输部门和企业也积极地为用户建立物流全程信息服务和有效控制与管理，并在局部小范围内建立了基于 GPS 的物流运输系统。

3. 网络化分布式仓储管理及库存控制技术

目前，国内外许多企业都将其管理、研发部门留在市区，而将其制造基地迁移到郊区，或转移到外省甚至国外，形成以城市为技术和管理核心，以郊区或外地为制造基地的分布式经营、生产型运作模式。对于第三方物流企业，由于仓储位置的地域性跨度极大，因此更需要网络化分布式仓储管理及库存控制技术来降低管理成本，提高效率。

4. 物流运输系统的调度优化技术

物流配送中心配载量的不断增大和工作复杂程度的不断提高，都要求对物流配送中心进行科学管理，因此配送车辆的集货、货物配装和送货过程的调度优化技术是智能物流系统（ILS）的重要组成部分。如果没有物流运输系统的调度优化技术支持，连正常运作都会十分困难，更谈不到科学的优化管理。

国内外学术界对物流运输系统的调度优化问题十分关注，研究的也比较早。由于物流配送车辆配载问题是一个复杂问题，因此启发式算法是一个重要研究方向。近年来，由于遗传算法具有隐含并行性和较强的鲁棒性，在物流运输系统的调度优化方面得到了广泛应用。

3.3.3 智能物流的发展趋势

我国智能物流将迎来四大主要发展趋势：智能化物流系统、智能物流装备服务的市场化与专业化、智能物流仓储系统、云仓系统。

1. 智能化物流系统

智能物流是连接供应和生产的重要环节，也是构建智能工厂的基石。智能单元化物流技术、自动物流装备以及智能物流信息系统是打造智能物流的核心元素。未来智慧工厂的物流控制系统将负责生产设备和被处理对象的衔接，在系统中起着承上启下的作用。智能化物流系统如图 3-22 所示。

2. 智能物流装备服务的市场化与专业化

智能物流装备服务的市场化与专业化主要表现在以下方面：一是对智能物流装备正常运行的保障性服务，如设备的定期维护、故障排出、零部件供应、远程网络监控运营服务等；二是对物流运作或管理的支持服务，如设备运行质量分析、物流各环节绩效与运行情况分析等；三是技术改进和系统升级服务，可以定时提供整个技术改进和信息系统及控制系统的升级服务。

3. 智能物流仓储系统

智能物流仓储系统，如图 3-23 所示，是以立体仓库和配送分拣中心为主体，由立体货架等来检测阅读系统、智能通信，以实现快速消费行业的需求。随着物联网、机器人、仓储机器人、无人机等新技术的应用，智能物流仓储系统已成为智能物流方式的最佳解决方案。

图 3-22　智能化物流系统示例

图 3-23　智能物流仓储系统

4. 云仓系统

云仓是伴随电子商务而产生的有别于传统仓储方式的智能化仓储模式。传统仓储是根据配送需要到不同的仓储去分别取货，自动拣选，它是最适合电商的一种配送模式。云仓和传统仓库的最大区别在于，智能自动化装备和信息化软件的集成应用，而且国际快递公司的云仓网络主要是由"信息网 + 仓储网 + 干线网 + 零担网 + 载配网"组成，和电子商务平台能实现无缝对接。依托智能制造兴起的云仓，将成为电子商务发展的中坚力量。

3.4 智能服务

智能服务促进新的商业模式，促进企业向服务型制造转型。"智能产品 + 状态感知控制 + 大数据处理"将改变产品的现有销售和使用模式，增加了在线租用、自动配送和返还、优化保养和设备自动预警、培训、自动维修等智能服务新模式。在全球经济一体化的今天，国际产业转移和分工日益加快，新一轮技术革命和产业变革正在兴起，客户对产品和服务的要求越来越高。

3.4.1 智能服务的定义与特点

1. 定义

智能服务是根据用户的需求进行主动的服务，即采集用户的原始信息进行后台积累，构建需求的结构模型，进行数据加工挖掘和商业智能分析，包括用户的系统，偏好等需求，通过分析和挖掘与时间、空间、身份、生活及工作状态相关的需求，主动推送客户需求的精准高效的服务。除了传递和反馈数据，系统还需要进行多维度、多层次的感知和主动深入的辨识。

2. 特点

智能服务具有以下不同于传统服务的显著特点，如图 3-24 所示。

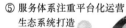

① 服务理念以用户为中心，
　服务方案常横跨企业和不同产业

⑤ 服务体系注重平台化运营，
　生态系统打造

② 服务载体聚焦于网络化、
　智能化的产品、设备（机器）

③ 服务形态体现为线下的实体服务
　与线上数字化服务的融合

④ 服务运营数据化驱动，
　通过数据、算法增加附加值

图 3-24　智能服务的特点

第一，服务理念以用户为中心，服务方案常横跨企业和不同产业。这里的用户既包括智能产品的购买者，也包括智能服务的使用者。智能服务期望通过产品和服务的适当组合随时、随地满足用户不同场景下的需求。

第二，服务载体聚焦于网络化、智能化的产品、设备（机器）。智能产品是指安装有传感器，受软件控制并联网的物体、设备或机器，它具有采集数据、分析并与其他机、物共享和交互反馈的特点。用户在使用智能产品的过程中产生的大数据能被进一步分析而转化为智能数据，智能数据则衍生出智能服务。

第三，服务形态体现为线下的实体服务与线上数字化服务的融合。类似于互联网技术在生活消费领域的应用产生的 O2O 模式，智能服务也体现为传统实体体验服务与新兴数字化服务的有机结合。

第四，服务运营数据化驱动，通过数据、算法增加附加值。一方面，智能服务提供商需要深度了解用户的偏好和需求，需要具备对智能产品采集数据的实时分析能力，并利用分析结果为用户提供高度定制化的智能服务。另一方面，智能服务提供商可以利用智能数据进行预测分析，提升服务质量，实时优化服务方式。

第五，服务体系注重平台化运营，生态系统打造。智能服务的市场领先者通常是服务体系的整合者，通过构建数据驱动的商业模式，创建网络化物理平台、软件定义平台和服务平台，打造资源互补、跨业协同的数字生态系统。

3. 生态结构

智能服务不是提供单一产品、技术或服务，而是一个服务框架，围绕不同的行业以及每个行业的不同业务，可以衍生出无穷的智能服务，所以智能服务是一个较大的生态系统，是未来行业产业创新集群的集中体现。

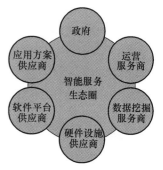

图 3-25　智能服务生态圈

这个生态圈，除了政府主导，行业业主和最终用户参与外，还需要多个角色的参与，就像自然生态圈一样，不同的角色在智能服务生态圈中各自起着不同的重要作用，维持着生态平衡。这些主要角色有：政府监管部门、数据挖掘分析外包服务商、行业企业应用方案供应商、软件平台供应商、硬件基础设施供应商、运营服务商、用户保障服务商等。智能服务生态圈如图 3-25 所示。

各服务商提供的服务见表 3-2。

表 3-2　各服务商提供的服务说明

服 务 商	服 务 说 明
硬件基础设施供应商	提供覆盖交互层、传送层和智能层的大量硬件基础设施
软件平台供应商	提供包括操作系统、数据库、应用软件在内的各种软件平台
应用方案供应商	面向客户提供全套系统的架构设计和集成方案、项目承建
运营服务商	提供智能服务系统运行维护
数据挖掘分析外包服务商	专业承担需求解析功能及智能计算的服务，根据特定业务可能由专门机构单独承担
保障服务商	提供安全、管理等方面支持
监管部门	行业监管，保障健康的产业环境

随着中国经济转型所驱动的企业转型之旅的逐渐展开，智能服务的生态系统中的角色组成和角色组合将会越来越丰富多彩，对应各行各业所产生的智能服务项目也将越来越多。随着成员和方案的增多，彼此建立协同机制也将变得越来越重要。

4. 总体框架

在线智能服务系统由通信连接服务、在线云服务平台和服务平台应用三部分组成，如图 3-26 所示。

（1）通信连接服务　要对所有产品提供在线服务，首先要将这些装备产品连接起来，

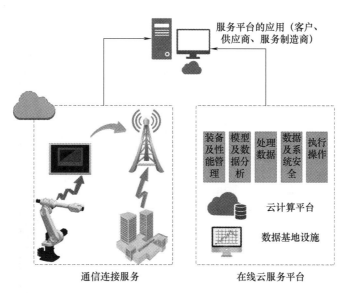

图3-26 在线智能服务系统的总体框架

在装备产品基本智能化的基础上，通过传感器、嵌入式系统来获取装备运行的参数。这些运行参数按照数据提取策略，经过筛选，提取有用数据，利用 CDMA/GPRS/UMTS 等通信手段将这些数据上传至在线云服务平台，企业自身的 ERP/SRM/CRM/MES/PLM 等系统、外部数据也要与在线服务系统集成。使用安全的虚拟专用网络（VPN），以保证这些数据在传输过程中的隐私和资产保护。通过 VNC/RDPSSH/HTTP，对远程装备进行管理和控制。通信服务是端到端监控服务，并通知客户，站式计费和报告所有的连接及 IP 服务，一个自我管理的门户。

（2）在线云服务平台 在线云服务平台由数据基础设施、云计算平台和应用系统组成。其中，云平台具有计算资源共享、管理方便、降低初始投资、满足不同的业务需求、快速开发应用、降低风险等优势。应用系统包括：设备及性能管理（Asset Performance Management，APM）、模型及数据分析、数据的快速抽取、存储和计算、数据及系统安全、执行操作等。

1）设备及性能管理：设备资产性能管理是在线服务的核心，其功能包括设备（产品）技术档案的创建、存储、管理资产的属性，如基于产品出厂编号的产品物料清单、质量追溯记录（零部件供应商及质量记录）、产品全生命周期的维修记录、维修知识库等。对设备资产进行在线运行监控、诊断、在线维护，以实现预防性维修、预见性维修、环境健康和安全管理、设备运行绩效的管理等。

2）模型及数据分析：在线云服务系统通过物联网与设备资产连接，来获取大量设备的实时运行数据，检测设备的运行状态，进行故障诊断，对运行状态进行预测，在维修知识库和专家系统的支持下做出维修决策。图3-27所示为预测性维修所需的模型和分析方法。

3）数据处理：通过传感器、嵌入式系统来获取设备的运行数据和状态监测数据；从企业的研发设计系统和企业经营管理系统获取产品设计数据、生产数据、质量跟踪数据、历史数据、供应商数据。这些数据有的是结构化的，有的是非结构化或半结构化的，要经过特殊工具的处理使其变成可识别、易管理的数据，按照数据获取的策略去除冗余的数据，经过数

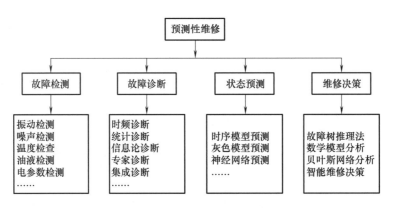

图 3-27　预测性维修的技术体系

据清洗，放置在云数据库供分析利用。

4）执行操作：在服务合同允许的条件下，根据运行状态，经过决策分析，可以对设备进行优化控制；通过故障诊断，确定维修策略，派遣维修人员现场维修，或者提示用户进行维修或保养。

3.4.2　智能服务的发展现状

当前，欧美发达国家的智能服务具有如下现状：一是智能服务正由早期附属于产品的增值服务向独立的服务形态过渡。智能服务不仅是企业降低成本、提升效率，增进与客户关系的手段，还是创新商业模式，拓展经营范围的新范式转变；二是智能服务的内涵、分类及相关标准尚未成熟，仍在动态发展中。不管是美国主导的工业互联网，还是德国倡议的工业4.0以及智能服务，各方对智能服务的认知还未形成共识，由于支撑智能服务的技术还在不断发展，智能服务的形态和分类也未定型，需要在发展中总结，在不断总结中走向成熟。

国内的智能服务呈现出以下几种典型应用模式：

一是基于物联网技术的远程设备维保服务。通过传感器技术和移动通信网络技术，将传统的产品/设备由被动性售后服务转向远程预防性维保服务。

二是基于移动APP的用户个性化服务。在售卖智能硬件产品时提供移动APP应用，开展线上的业务查询、零部件选购和服务咨询等，促进线上与线下渠道的融合，为用户适时地提供个性化服务。

三是用户数据驱动的产品个性化定制服务。通过互联网渠道采集用户数据或让用户主动参与产品设计，从而实现由消费者驱动的产品个性化定制模式。

四是基于互联网平台的产品设计、制造外包和服务外包。借助于由互联网企业构建的电商平台和众包平台，企业可以将产品设计、制造、检测、认证等外包给第三方厂商完成。此外，以算法和软件为核心，具备自主环境感知、智能调度、自动规划、人机交互等能力的智能服务机器人也正受到越来越多的关注。

小　　结

本章介绍了智能制造的四大主题：智能工厂、智能生产、智能物流和智能服务。其中，智能工厂的侧重点在于企业的智能化生产系统以及制造过程，网络化分布式生产设施的实现；智能生产的侧重点在于企业的生产物流管理、制造过程人机协同以及3D打印技术在企业生产过程中的协同应用；智能物流的侧重点在于通过互联网、物联网来整合物流资源，充分发挥现有的资源效率；智能服务作为制造企业的后端网络，其侧重点在于通过服务联网结合智能产品为客户提供更好的服务，发挥企业的最大价值。

　　本章通过对智能制造四大主题的介绍，希望能够使读者了解智能制造这个抽象概念在实际生产过程中是如何体现的，从而对智能制造形成直观的认识和了解。

思　考　题

1. 智能工厂的主要特征是什么？
2. 智能工厂的组成包括哪些？
3. 智能工厂有哪三种建设模式？
4. 智能生产系统的设计目标是什么？
5. 智能生产系统的总体框架包括哪些内容？
6. 智能物流有哪些特点？
7. 智能服务有哪些特点？

第**4**章

Chapter

智能制造关键技术

智能制造在产品设计制造服务全过程中实现信息的智能传感与测量、智能计算与分析、智能决策与控制。智能制造包括十项关键技术，即机器人技术、人工智能技术、物联网技术、大数据技术、云计算技术、虚拟现实技术、3D 打印技术、无线传感网络技术、射频识别技术、实时定位技术，如图4-1 所示。

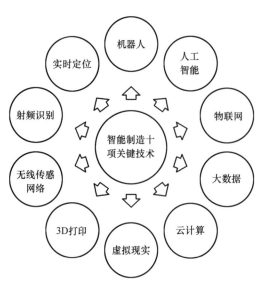

图4-1　智能制造关键技术

4.1　机器人技术

机器人（Robot）是自动执行工作的机器装置。它既可以接受人类指挥，又可以运行预先编排的程序，也可以根据以人工智能技术制定的原则纲领行动。它的任务是协助或取代人类工作，如制造业、建筑业，或危险的工作。

4.1.1　概念及特点

多数人对"机器人"的初步认知来源于科幻电影，如图 4-2 所示。

7. 机器人与人工智能技术

　a) 大黄蜂　　　　b) 终结者　　　　c) 钢铁侠

图 4-2　科幻电影中的机器人

但在科学界中，"机器人"是广义概念，实际上大多数机器人都不具有基本的人类形态。

1. 机器人术语的来历

"机器人（Robot）"这一术语来源于一个科幻形象，首次出现在 1920 年捷克剧作家、科幻文学家、童话寓言家卡雷尔·凯培克发表的科幻剧《罗萨姆的万能机器人》中，"Robot"就是从捷克文"Robota"衍生而来的。

2. 机器人三原则

人类制造机器人主要是为了让它们代替人们做一些有危险、难以胜任或不宜长期进行的工作。为了发展机器人，避免人类受到伤害，美国科幻作家阿西莫夫在 1940 年发表的小说《我是机器人》中首次提出了"机器人三原则"：

（1）第一原则　机器人必须不能伤害人类，也不允许见到人类将要受伤害而袖手旁观。

（2）第二原则　机器人必须完全服从于人类的命令，但不能违反第一原则。

（3）第三原则　机器人应保护自身的安全，但不能违反第一和第二原则。

在后来的小说中，阿西莫夫补充了第零原则：机器人不得伤害人类的整体利益，或通过不采取行动让人类利益受到伤害。

这四条原则被广泛用于定义现实和科幻中的机器人准则。

4.1.2　技术及应用

根据机器人的应用环境，国际机器人联盟（IFR）将机器人分为工业机器人和服务机器

45

人。其中，工业机器人是在工业生产中使用的机器人的总称，主要用于完成工业生产中的某些作业。服务机器人则是除了工业机器人之外的、用于非制造业并服务于人类的各种先进机器人，主要包括公共服务机器人、个人/家用服务机器人和特种机器人。机器人的分类如图4-3所示。

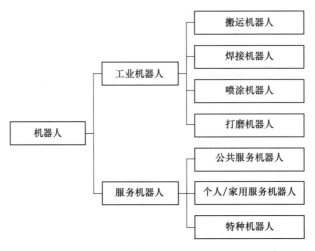

图4-3　机器人分类

1. 工业机器人

工业机器人是在工业生产中使用的机器人的总称，主要用于完成工业生产中的某些作业。

工业机器人的种类较多，常用的有搬运机器人、焊接机器人、喷涂机器人和打磨机器人等。

2. 服务机器人

服务机器人则是除了工业机器人之外的、用于非制造业并服务于人类的各种机器人的总称。服务机器人可进一步分为3类：公共服务机器人、个人/家用服务机器人、特种机器人。

（1）公共服务机器人　公共服务机器人是指面向公众或商业任务的服务机器人，包括迎宾机器人、餐厅服务机器人、酒店服务机器人、银行服务机器人和场馆服务机器人等，如图4-4a所示。

（2）个人/家用服务机器人　个人/家用服务机器人是指在家庭以及类似环境中由非专业人士使用的服务机器人，包括家政、教

a) 迎宾机器人"Will"　　b) 家务扫地机器人"M1"

图4-4　个人/家用服务机器人示例

育娱乐、养老助残、家务机器人、个人运输和安防监控等类型的机器人，如图4-4b所示。

（3）特种机器人　特种机器人是指由专业知识人士操纵的、面向国家、特种任务的服务机器人，包括国防/军事机器人、航空航天机器人、搜救救援机器人、医用机器人、水下作业机器人、空间探测机器人、农场作业机器人、排爆机器人、管道检测机器人和消防机器人等，如图4-5所示。

a) "玉兔"号月球探测机器人　　　b) 潜龙二号水下机器人

图4-5　特种机器人示例

 4.2　人工智能技术

人工智能是计算机科学的一个分支，它试图了解智能的实质，并生产出一种新的能以人类智能相似的方式做出反应的智能机器。随着人工智能的发展以及制造业的转型升级，人工智能在自动化与简化整个制造生态系统方面逐渐发挥出了其作用，体现出了巨大的潜力。

4.2.1　概念及特点

1. 概念

人工智能（Artificial Intelligence，AI）是人类设计和操作相应的程序，从而使计算机可以对人类的思维过程与智能行为进行模拟的一门技术。它是在计算机科学、控制论、信息学、神经心理学、哲学、语言学等多种学科基础上发展起来的一门综合性的边缘学科。

1956年，明斯基等科学家在美国达特茅斯学院开会研讨"如何用机器模拟人的智能"，首次提出"人工智能"这一概念，标志着人工智能学科的诞生。人工智能的发展历程见表4-1。

表4-1　人工智能发展历程

阶　段	时　间	特　点
起步发展期	1956年至20世纪60年代初	达特茅斯会议标志着AI的诞生
反思发展期	20世纪60年代至70年代初	人们开始尝试更具挑战性的任务，但接二连三的失败使人工智能的发展走入低谷
应用发展期	20世纪70年代初至80年代中	专家系统的出现推动了人工智能从理论研究走向实际应用
低迷发展期	20世纪80年代中至90年代中	随着人工智能的应用规模不断扩大，专家系统存在的问题逐渐暴露出来
稳步发展期	20世纪90年代中至2010年	互联网技术的发展促使人工智能技术进一步走向实用化。代表事件：深蓝超级计算机战胜了国际象棋世界冠军（见图4-6）
蓬勃发展期	2011年至今	以深度神经网络为代表的人工智能技术飞速发展

图 4-6　深蓝超级计算机

2. 特点

人工智能的革命就是从弱人工智能发展为强人工智能，最终达到超人工智能的过程。其中，弱人工智能是指应用于特定领域的人工智能技术，如图像识别、语音识别；强人工智能是指多领域综合的人工智能，可以进行认知学习与决策执行，如自动驾驶；超人工智能是指超越人类的智能，具有独立意识，能够创新创造。

4.2.2　技术及应用

人工智能技术关系到人工智能产品是否可以顺利应用到生活场景中。在人工智能领域，普遍包含 6 个关键技术，如图 4-7 所示。

1. 机器学习

机器学习（Machine Learning，ML）是一门涉及诸多领域的交叉学科。机器学习专门研究计算机怎样模拟或实现人类的学习行为，以获取新的知识或技能，重新组织已有的知识结构使之能不断地改善自身的性能。

在计算机系统中，"经验"通常以"数据"形式存在。因此，机器学习所研究的主要内容是在计算机上从经验数据中产生"模型"的算法。有了模型，在面对新的情况时，模型会给用户提供相应的判断。如果说"计算机科学"是研究关于"算法"的学问，那么类似地，可以说"机器学习"是研究关于"学习算法"的学问。机器学习与人类思考的过程对比如图 4-8 所示。

图 4-7　人工智能关键技术

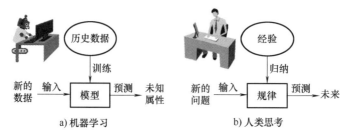

a) 机器学习　　　b) 人类思考

图 4-8　机器学习与人类思考的过程对比

2. 知识图谱

知识图谱（Knowledge Graph）是一种结构化的语义知识库，用于以符号的形式描述物理世界中的概念及其相互关系。

知识图谱的组成包括实体和关系两个部分。

（1）实体　在知识图谱里，通常用"实体（Entity）"来表达图里的节点，实体指的是现实世界中的事物，如人、地名、概念、药物、公司等。图4-9展示了知识图谱的一个例子。

（2）关系　在知识图谱中，用"关系（Relation）"来表达图里的"边"。关系用来表达不同实体之间的某种联系，如在图4-9中，五岳"之一"是泰山。

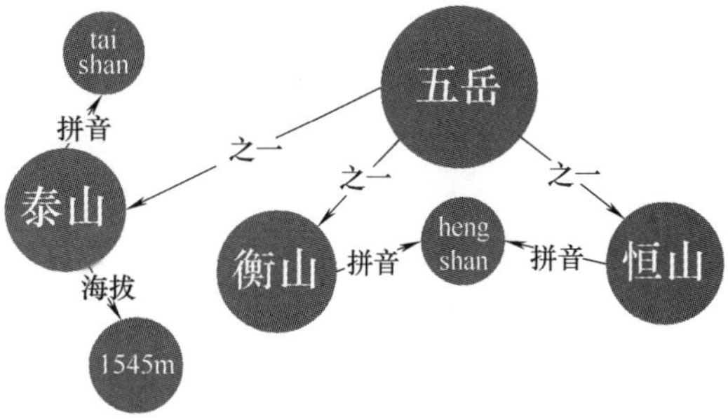

图4-9　知识图谱示例

通俗地讲，知识图谱就是把所有不同种类的信息连接在一起而得到的一个关系网络，提供了从"关系"的角度去分析问题的能力。

3. 自然语言处理

自然语言处理（Natural Language Processing，NLP）是计算机科学领域与人工智能领域中的一个重要方向，是计算机理解和从人类语言中获取意义的一种方式。

语言是沟通交流的基础。人类的逻辑思维以语言为形式，人类的绝大部分知识也是以语言文字的形式记载和流传下来的。用自然语言与计算机进行通信，这是人们长期以来所追求的。因为它具有明显的实际意义：人们可以用自己最习惯的语言来使用计算机，而无需再花大量的时间和精力去学习不很自然和习惯的各种计算机语言。

自然语言处理领域分为以下三个部分：

（1）语音识别　将口语翻译成文本。

（2）自然语言理解　计算机能理解自然语言文本的意义。

（3）自然语言生成　计算机能以自然语言文本来表达给定的意图、思想等。

4. 人机交互

人机交互是研究人、机器以及它们之间相互影响的技术。而人机界面是人与机器之间传递、交换信息的媒介和对话接口，是人机交互系统的重要组成部分。如图4-10所示，人机交互模型描述了人与机器相互传递信息与控制信号的方式。

传统的人机交互设备主要包括键盘、鼠标、操纵杆等输入设备，以及打印机、绘图仪、显示器、音箱等输出设备。随着传感技术和计算机图形技术的发展，各类新的人机交互技术也在不断涌现：

（1）多通道交互　多通道交互是一种使用多种通道与计算机通信的人机交互方式，如言语、眼神、脸部表情、唇动、手动、手势、头动、肢体姿势、触觉、嗅觉或味觉等。

（2）虚拟现实和三维交互　为了达到三维效果和立体的沉浸感，人们先后发明了立体眼镜、头盔式显示器、双目全方位监视器、墙式显示屏的自动声像虚拟环境CAVE（图4-11）等。

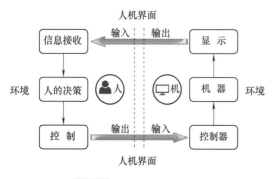

图 4-10　人机交互模型图

图 4-11　虚拟环境 CAVE

5. 计算机视觉

计算机视觉是使用计算机模仿人类视觉系统的科学，让计算机拥有类似人类提取、处理、理解和分析图像以及图像序列的能力。自动驾驶、机器人、智能医疗等领域均需要通过计算机视觉技术从视觉信号中提取并处理信息。

计算机视觉的识别检测过程包括图像预处理、图像分割、特征提取和判断匹配。计算机视觉可以用来处理图像分类问题（如识别图片的内容是不是猫）、定位问题（如识别图片中的猫在哪里）、检测问题（如识别图片中有哪些动物，分别在哪里）、分割问题（如图片中的哪些像素区域是猫）等，如图 4-12 所示。

图 4-12　计算机视觉识别检测过程

6. 生物特征识别

生物特征识别技术是指通过个体生理特征或行为特征对个体身份进行识别认证的技术。生物特征识别技术涉及的内容十分广泛，包括指纹、掌纹、人脸、虹膜、指静脉、声纹、步态等多种生物特征，其识别过程涉及图像处理、计算机视觉、语音识别、机器学习等多项技术。

人脸识别技术是基于对人的脸部展开智能识别，对人的脸部不同结构特征进行科学合理的检验，最终明确判断识别出检验者的实际身份，如图 4-13 所示。目前，生物特征识别作为重要的智能化身份认证技术，在金融、公共安全、教育、交通等领域得到广泛的应用。

图 4-13　生物特征识别流程示例

4.3 物联网技术

物联网（The Internet of Things，IOT）将地理分布的异构嵌入式设备通过高速稳定的网络连接起来，实现信息交互、资源共享和协同控制，是实现万物互联的一个重要的前提和基础。

8. 物联网与
大数据技术

4.3.1 概念及特点

根据国际电信联盟（ITU）和美国总统科学技术顾问委员会（PCAST）的定义，物联网是通过信息传感设备，按照约定的协议，把任何物品与互联网相连接，进行信息交换和通信，以实现智能化识别、定位、跟踪、监控和管理的泛在网络。

物联网有以下几个特点：

（1）全面感知 工业物联网是利用了射频识别技术、传感器技术、二维码技术随时获取产品从生产过程直到销售到终端用户使用的各个阶段信息数据。

（2）互联传输 工业物联网通过专用网络和互联网相连的方式，实时将设备信息准确无误地传递出去。它对网络有极强的依赖性，且要比传统工业自动化信息化系统都更注重数据交互。

（3）智能处理 工业物联网是利用云计算、云存储、模糊识别及神经网络等智能计算的技术，对数据和信息进行分析并处理，结合大数据技术，深挖数据的价值。

（4）自组织与自维护 一个功能完善的工业物联网系统应具有自组织与自维护的功能。其每个节点都要为整个系统提供自身处理获得的信息及决策数据，一旦某个节点失效或数据发生异常或变化时，那么整个系统将会自动根据逻辑关系来做出相应的调整，整个系统是要全方位互相连通的。

4.3.2 技术及应用

1. 物联网体系架构

物联网自底向上可以分为三层，如图4-14所示。

（1）感知层 其主要功能是通过各种类型的传感器对物质属性、环境状态、行为态势等静态/动态的信息进行大规模、分布式的信息获取与状态辨识。

（2）传输层 其主要功能是通过现有的移动通信网（如GSM网、TD-SCDMA网）、无线接入网（如WiMAX）、无线局域网（WiFi）、卫星网等基础设施，将来自感知层的信息传送到互联网中。

（3）应用层 其主要功能是集成系统底层的功能，构建起面向各类行业的实际应用。

2. 应用

物联网的用途广泛，遍及智能家居、智能交通、智能医疗等多个应用领域，如图4-15所示。互联网、物联网及CPS的结合，将会带来许多新的应用场景。

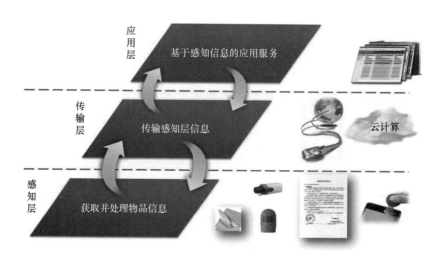

图 4-14　物联网体系架构

（1）智能家居　智能家居是以住宅为基础，利用物联网技术、网络通信技术、安全防范技术、自动控制技术、语音视频技术将与家居生活有关的设施进行高度信息化集成，构建高效的住宅设施与家庭日程事务的管理系统，以提升家居安全性、便利性、舒适性和艺术性，并实现环保节能的居住环境，如图 4-16 所示。

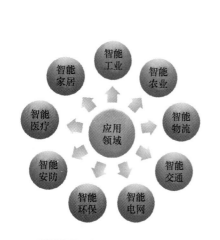

图 4-15　物联网和 CPS 应用

图 4-16　智能家居示例

（2）智能交通　智能交通系统将先进的信息技术、数据通信传输技术、电子传感技术、控制技术及计算机技术等，有效地集成运用于整个地面交通管理系统。智能交通系统是一种在大范围、全方位发挥作用的综合交通运输管理系统，如图 4-17 所示。

（3）智能医疗　物联网技术在智能医疗的应用场景如图 4-18 所示，联网的便携式医疗设备可对病人进行远程监护，可实现对人体生理参数和生活环境的远程实时监测与详细记录，便于医务人员全面地了解病人的病历和生活习惯，提前发现并预防潜在疾病。

图 4-17　智能交通示例

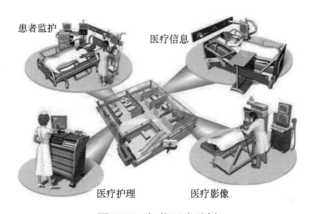

图 4-18　智能医疗示例

4.4　大数据技术

随着智能技术以及现代化信息技术的不断发展，我国迎来了一个全新的智能时代，曾经仅存于幻想中的场景逐渐成为现实，如工人只需要发出口头指令就可以指挥机器人完成相应的生产工序，从生产到检测再到市场投放全过程实现自动化。而这种自动化场景的实现，都离不开工业大数据的支持。在人与人、物与物、人与物的信息交流中逐步衍生出了工业大数据，并贯穿于产品的整个生命周期中。

4.4.1　概念及特点

1. 概念

大数据一般指体量特别大，数据类别特别大的数据集，并且无法用传统数据库工具对其内容进行抓取、管理和处理。

在工业生产和监控管理过程中，无时无刻不在产生海量的数据，如生产设备的运行环境、机械设备的运转状态、生产过程中的能源消耗、物料的损耗、物流车队的配置和分布等。而且随着传感器的推广普及，智能芯片会植入到每个设备和产品中，如同飞机上的"黑匣子"将自动记录整个生产流通过程中的一切数据。

工业大数据的主要来源，主要来自以下这三个方面：

（1）工业现场设备　工业现场设备指的是工厂内设备，主要可分为三类：专用采集设备，如传感器、变送器；通用控制设备，如 PLC、嵌入式系统；专用智能设备/装备，如机器人、数控机床、AGV 小车等。

（2）工厂外智能产品/装备　通过工业物联网实现对工厂外智能产品/装备的远程接入和数据采集，主要采集智能产品/装备运行时的关键指标数据，如工作电流、电压、功耗、电池电量、内部资源消耗、通信状态、通信流量等数据，主要用于实现智能产品/装备的远程监控、健康状态监测和远程维护等应用。

（3）EPR、MES 等应用系统　通过接口和系统集成方式实现对 SCADA 数据采集与监视控制系统、DCS 分布式控制系统、MES 生产过程数据系统、ERP 企业资源计划系统等应用系统的数据采集。

2. 特点

工业大数据具有五个主要的技术特点，如图 4-19 所示。

（1）数据量（Volumes）大　计量单位从 TB 级上升到 PB、EB、ZB、YB 级及以上级别。

（2）数据类别（Variety）大　数据来自多种数据源，数据的种类和格式日渐丰富，既包含生产日志、图片、声音，又包含动画、视频、位置等信息，已冲破了以前所限定的结构化数据范畴，囊括了半结构化和非结构化数据。

（3）数据处理速度（Velocity）快　在数据量非常庞大的情况下，也能够做到数据的实时处理。

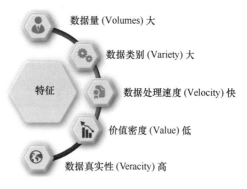

图 4-19　大数据的特征

（4）价值密度（Value）低　随着物联网的广泛应用，信息感知无处不在，信息海量，但存在大量不相关的信息，因此需要对未来趋势与模式进行可预测分析，利用机器学习、人工智能等进行深度复杂分析。

（5）数据真实性（Veracity）高　随着社交数据、企业内容、交易与应用数据等新数据源的兴起，传统数据源的局限被打破，企业愈发需要有效的信息之力，以确保其真实性及安全性。

4.4.2　技术及应用

1. 关键技术

工业大数据的关键技术包括数据集成与清洗、存储与管理、分析与挖掘、标准与质量体系、大数据可视化，以及安全技术。

（1）大数据集成与清洗技术　大数据集成是把不同来源、格式、特点性质的数据有机集中。大数据清洗是将在平台集中的数据进行重新审查和校验，以发现和纠正可识别的错误，处理无效值和缺失值，从而得到干净、一致的数据。

（2）大数据存储与管理技术 该技术是采用分布式存储、云存储等技术将数据进行经济、安全、可靠的存储管理，并采用高吞吐量数据库技术和非结构化访问技术支持云系统中数据的高效快速访问。

（3）大数据分析挖掘技术 该技术是从海量、不完全、有噪声、模糊及随机的大型数据库中发现隐含在其中有价值的、潜在有用的信息和知识。

（4）大数据可视化技术 该技术是利用包括二维综合报表、VR/AR 等计算机图形图像处理技术和可视化展示技术，将数据转换成图形、图像并显示在屏幕上，使数据变得直观且易于理解。如图 4-20 所示。

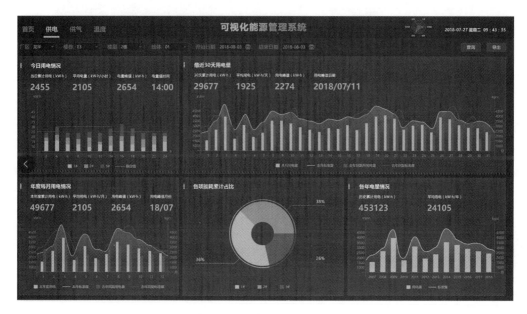

图 4-20　大数据可视化示例

（5）大数据标准与质量体系技术 该技术包括了工业大数据通用技术、平台、产品、行业、安全等方面的标准和规范。

（6）大数据安全技术 工业大数据涉及大量重要工业数据和用户隐私信息，在传输和存储时都会存在一定的数据安全隐患，也存在黑客窃取数据、攻击企业生产系统的风险。因此，需要从采集、传输、存储、挖掘、发布及应用等多方面保障数据安全。

2. 应用

现代化工业制造生产线安装有数以千计的小型传感器，用来探测温度、压力、热能、振动和噪声。因为每隔几秒就收集一次数据，利用这些数据可以实现很多形式的分析，包括设备诊断、用电量分析、能耗分析、质量事故分析（包括违反生产规定、零部件故障）等。以下列举了工业大数据在智能制造生产系统中的应用：

（1）生产工艺改进 在生产过程中使用工业大数据，就能分析整个生产流程，了解每个环节是如何执行的。一旦有某个流程偏离了标准工艺，就会产生一个报警信号，能更快速地发现错误或者瓶颈所在，也就能更容易地解决问题。

（2）生产流程优化 利用大数据技术，还可以对工业产品的生产过程建立虚拟模型，仿真并优化生产流程。当所有流程和绩效数据都能在系统中重建时，将有助于制造商改进其生产流程。

（3）能耗优化　在能耗分析方面，在设备生产过程中利用传感器集中监控所有的生产流程，能够发现能耗的异常或峰值情形，由此便可在生产过程中优化能源的消耗，对所有流程进行分析将会大大降低能耗，如图4-21所示。

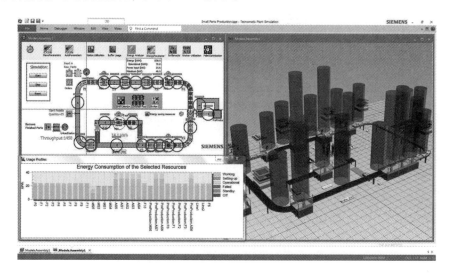

图4-21　能耗优化示例

4.5 云计算技术

由于互联网技术的飞速发展，信息量与数据量快速增长，导致计算机的计算能力和数据的存储能力已满足不了人们的需求。在这种情况下，云计算技术应运而生。云计算作为一种新型的计算模式，利用高速互联网的传输能力将数据的处理过程从个人计算机或服务器转移到互联网上的计算机集群中，带给用户前所未有的计算能力。

9. 云计算与虚拟
现实技术

4.5.1　概念及特点

1. 概念

云计算（Cloud Computing）是一种无处不在、便捷且按需对一个共享的可配置计算资源（包括网络、服务器、存储、应用和服务）进行网络访问的模式，它能够通过最少量的管理以及与服务提供商的互动来实现计算资源的迅速供给和释放。

云计算由分布式计算、并行处理、网格计算发展而来，是一种新兴的商业计算模型。它将计算任务分布在由大量计算机构成的资源池上，使各种应用系统能够按需获取计算力、存储空间和信息服务。云计算概念模型如图4-22所示。

图4-22 云计算概念模型

2. 特点

云计算能够对互联网上的应用服务以及在数据中心提供这些服务的软硬件设施进行统一的管理和协同合作。云计算将 IT 相关的能力以服务的方式提供给用户，允许用户在不了解提供服务的技术、没有相关知识以及设备操作能力的情况下，通过互联网获取需要的服务，特点如下。

（1）自助式服务 消费者无需与服务提供商交互就可以得到自助的计算资源能力，如服务器的时间、网络存储等（资源的自助服务），如图4-23所示。

（2）无所不在的网络访问 消费者可借助于不同的客户端通过标准的应用对网络进行访问，如图4-24所示。

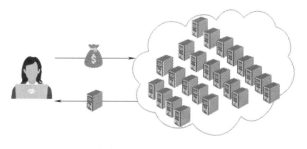

图4-23 自助式服务

图4-24 随时随地使用云服务

（3）划分独立资源池 根据消费者的需求来动态地划分或释放不同的物理和虚拟资源，这些池化的供应商计算资源以多租户的模式来提供服务。用户经常并不控制或了解这些资源池的准确划分，但可以知道这些资源池在哪个行政区域或数据中心，包括存储、计算处理、内存、网络宽带及虚拟机个数等。

（4）快速弹性 云计算系统能够快速和弹性地提供资源并且快速和弹性地释放资源。对于消费者来讲，所提供的这种能力是无限的（就像电力供应一样，对用户来说，是随需的、大规模计算机资源的供应），并且可在任何时间以任何量化方式购买的。

（5）服务可计量 云系统对服务类型通过计量的方法来自动控制和优化资源使用（如

存储、处理、宽带及活动用户数)。资源的使用可被监测、控制及可对供应商和用户提供透明的报告(即付即用的模式)。

4.5.2 技术及应用

1. 服务模式

云计算是一种新的技术，也是一种新的服务模式。云计算服务提供方式包含软件即服务(Software as a Service，SaaS)、平台即服务(Platform as a Service，PaaS)、基础设施即服务(Infrastructure as a Service，IaaS)。

云计算服务提供商可以专注于自己所在的层次，无需拥有三个层次的服务能力，上层服务提供商可以利用下层的云计算服务来实现自己计划提供的云计算服务。

(1) SaaS SaaS 就是软件服务提供商为了满足用户的需求提供的软件的计算能力。SaaS 云服务提供商负责维护和管理云中的软件以及支撑软件运行的硬件设施，同时免费为用户提供服务或者以按需使用的方式向用户收费，如图 4-25 所示。

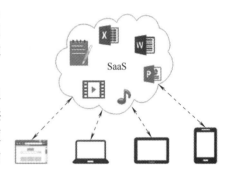

图 4-25　SaaS 服务示例图

(2) PaaS PaaS 是一种分布式平台服务，为用户提供一个包括应用设计、应用开发、应用测试及应用托管的完整的计算机平台，如图 4-26 所示。

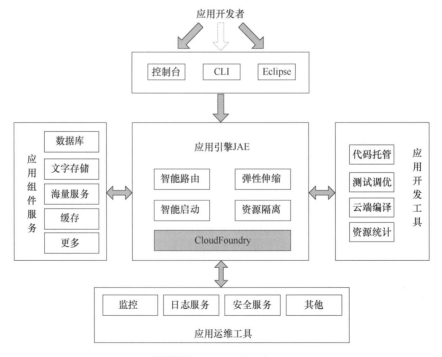

图 4-26　PaaS 服务示例图

（3）IaaS IaaS 是把计算、存储、网络以及搭建应用环境所需的一些工具当成服务提供给用户，使得用户能够按需获取 IT 基础设施。IaaS 主要由计算机硬件、网络、存储设备、平台虚拟化环境、效用计费方法、服务级别协议等组成。IaaS 服务模式如图4-27所示。

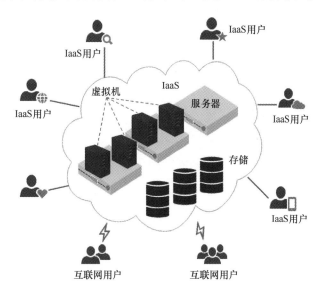

图 4-27 IaaS 服务模式

2. 部署模式

云计算的部署模式分为4种：公有云、私有云、混合云和社区云，如图4-28所示。

（1）公有云 公有云是一种对公众开放的云服务，由云服务提供商运营，为最终用户提供各种 IT 资源，可以支持大量用户的并发请求。公有云的示例如图4-29所示。

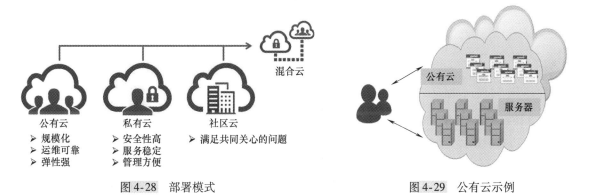

图 4-28 部署模式

图 4-29 公有云示例

（2）私有云 私有云指组织机构建设专供自己使用的云平台。私有云可部署在企业数据中心的防火墙内，也可以将它们部署在一个安全的主机托管场所，私有云的核心属性是专有资源。私有云的结构如图4-30所示。

（3）混合云 混合云是由私有云及外部云提供商构建的混合云计算模式。使用混合云计算模式，机构可以在公有云上运行非核心应用程序，而在私有云上部署其核心程序以及内部敏感数据，如图4-31所示。

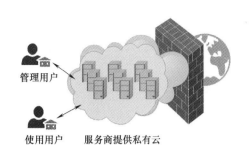

图 4-30 私有云的结构

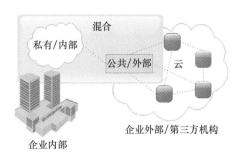

图 4-31 混合云的结构

（4）社区云 社区云服务的用户是一个特定范围的群体，它既不是一个单位内部的，也不是一个完全公开的服务，而是介于两者之间。社区云的结构如图 4-32 所示。

图 4-32 社区云的结构

3. 应用介绍

云计算平台也称为"云平台"。云计算平台可以划分为 3 类：以数据存储为主的存储型云平台，以数据处理为主的计算型云平台以及计算和数据存储处理兼顾的综合云计算平台。以下介绍几种面向工业应用的综合云平台产品。

（1）阿里巴巴—阿里云 ET 工业大脑平台 阿里云 ET 工业大脑平台依托阿里云大数据平台，通过大数据技术、人工智能技术与工业领域知识的结合实现工业数据建模分析，有效地改善生产良率、优化工艺参数、提高设备利用率、减少生产能耗，提升设备预测性维护能力。

阿里云 ET 工业大脑平台包含数据舱、应用舱和指挥舱 3 大模块，如图 4-33 所示，分别用来实现数据知识图谱的构建、业务智能算法平台的构建以及生产可视化平台的构建。

（2）航天云网—INDICS 平台 INDICS 平台是由中国航天科工集团开发的云计算平台。INDICS 平台在 IaaS 层自建数据中心，并提供丰富的大数据存储和分析产品与服务，在 PaaS 层提供工业服务引擎、面向软件定义制造的流程引擎、大数据分析引擎、仿真引擎和人工智能引擎等工业 PaaS 服务，支持各类工业应用快速开发与迭代。

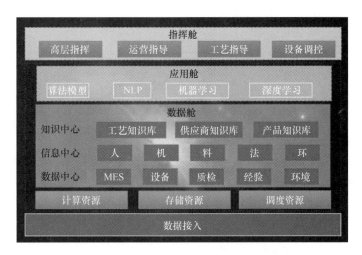

图 4-33 基于阿里云 ET 工业大脑的架构图

（3）华为—OceanConnect IoT 平台 华为推出的 OceanConnect IoT 平台在技术架构上分为 3 层，分别为连接管理层、设备管理层和应用使能层。其中，连接管理层主要提供计费、统计和企业接口等功能，设备管理层主要提供设备连接、设备数据采集与存储、设备维护等功能，应用使能层主要提供开放 API 能力。

 4.6 虚拟现实技术

虚拟现实（Virtual Reality，VR）技术，是 20 世纪 80 年代末 90 年代初出现的一种实用技术。它是由计算机硬件、软件以及各种传感器构成的三维信息的人工环境—虚拟环境，可以真实地模拟现实世界可以实现的，或者不可实现的、物理上的、功能上的实物和环境。VR 技术可以广泛应用于建筑设计、工业设计、广告设计、游戏软件开发等领域。

4.6.1 概念及特点

1. 概念

虚拟现实技术是一种可以创建和体验虚拟世界的计算机仿真系统，它利用计算机生成一种模拟环境，是一种多源信息融合的交互式的三维动态视景和实体行为的系统仿真，使用户沉浸到该环境中。

2. 特点

"虚拟现实"的意思就是"用计算机合成的人工世界"，其主要功能是生成虚拟世界的图形，实现人机交互，具有以下 3 个特征，如图 4-34 所示。

（1）沉浸性 指利用三维立体图像，给人一种身临其境的感觉。

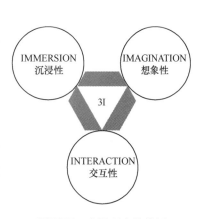

图 4-34 虚拟现实的特征

（2）交互性　指利用一些传感设备进行交互，使用户感觉就像是在真实客观世界中一样。

（3）想象性　指使用户沉浸其中并提高感性和理性认识，进而产生认知上的新意和构想。

4.6.2　技术及应用

1. 系统组成

根据虚拟现实的基本概念及相关特征可知，虚拟现实技术是融合了计算机图形学、智能接口技术、传感器技术和网络技术的一门综合性技术。

一般的虚拟现实系统主要包括五个部分：专业图形处理计算机、应用软件系统、输入设备、输出设备和数据库，如图4-35所示。

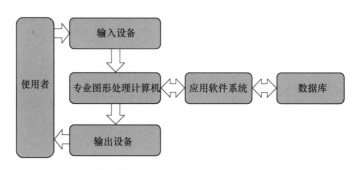

图4-35　虚拟现实系统组成示例

（1）专业图形处理计算机　计算机在虚拟现实系统中处于核心地位，是系统的心脏，是 VR 的引擎，主要负责从输入设备中读取数据、访问与任务相关的数据库，执行任务要求的实时计算。

（2）应用软件系统　虚拟现实的应用软件系统是实现 VR 技术应用的关键，提供了工具包和场景图，主要完成虚拟世界中对象的几何模型、物理模型、行为模型的建立和管理；三维立体声的生成、三维场景的实时绘制；虚拟世界数据库的建立与管理等。

（3）数据库　数据库用来存放整个虚拟世界中所有对象模型的相关信息。

（4）输入设备　输入设备是虚拟现实系统的输入接口。输入设备除了包括传统的鼠标、键盘外，还包括用于手姿输入的数据手套、身体姿态的数据衣、语音交互的麦克风等，以解决多个感觉通道的交互。

（5）输出设备　输出设备是虚拟现实系统的输出接口，是对输入的反馈。输出设备除了包括屏幕外，还包括声音反馈的立体声耳机、力反馈的数据手套以及大屏幕立体显示系统等。

2. 应用分析

现在虚拟现实技术逐渐应用到智能制造领域，尤其是自动化系统的数字化设计领域和虚拟仿真开发领域。企业可以将虚拟现实技术应用到生产线设计、自动化系统优化、生产过程仿真、机器人编程与仿真等场景中。

（1）生产线设计　虚拟现实技术借助计算机技术和仿真技术，从产品设计初期就可实时、并行地对产品制造过程进行建模和仿真，以检查产品的可加工性和设计合理性，从而及时地修改设计，有效灵活地组织生产。将虚拟仿真技术用于生产线的设计过程，提出生产线虚拟设计的概念，能弥补传统设计方式的不足。借助虚拟现实技术的生产线设计如图4-36所示。

（2）自动化系统优化　利用虚拟现实技术可以先在虚拟环境中调试自动化控制逻辑和PLC代码，然后再将其下载到真实设备。通过以虚拟方式仿真和验证自动化设备，可以验证设备的表现是否能够达到预期，削减系统的安装成本并缩短系统的启动时间。自动化系统优化如图4-37所示。

图4-36　生产线设计示例

图4-37　自动化系统优化示例

（3）生产过程仿真　随着生产制造技术的不断发展，制造系统的自动化程度也越来越高，系统也越来越复杂。面向生产过程的仿真系统可以对产品加工处理的工艺流程进行仿真，从而可以降低制造系统的设计成本，规避设计风险，使企业能够在最短的时间内以较优的方案投产或改建一个制造系统，如图4-38所示。

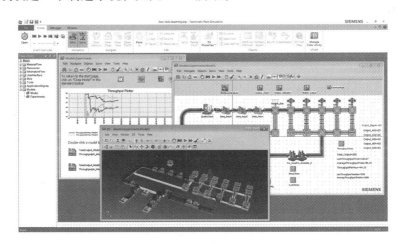

图4-38　生产过程仿真示例

（4）机器人的编程与仿真　在智能制造中，大量的工业机器人被采用，用来代替人类执行某些单调、频繁和重复的长时间作业。通过对机器人进行编程和虚拟仿真，如图4-39所示，可以使机器人能够执行精确、复杂的装配操作，从而提高车间的生产效率。

近年来，虚拟现实逐渐变成企业所追求的技术手段，缩短了企业的产品研发周期，完善

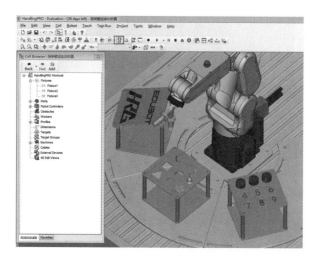

图 4-39　机器人编程与仿真示例

了企业的工艺规划，加快了新品的上市步伐，为企业发展带来巨大帮助。

4.7　3D 打印技术

3D 打印技术是一种从无到有的增材制造方法，将该技术引入到生产加工、建筑工程等领域，可以在不用任何加工模具和大型机械设备的情况下进行生产加工活动。3D 打印技术将会改变社会未来的发展方向，并且将会大大地丰富人类的生活方式。

10. 3D 打印与无线
传感网络技术

4.7.1　概念及特点

1. 概念

3D 打印技术（也叫"增材制造"）是以数字三维 CAD 模型设计文件为基础，运用高能束源或其他方式，将液体、熔融体、粉末、丝、片、板、块等特殊材料进行逐层的堆积黏结，叠加成型，直接构造出物体的技术。3D 打印技术的原理如图 4-40 所示，首先通过一组平行平面去截取零件的数字三维 CAD 模型，得到一系列足够薄的切片（厚度一般为 0.01～0.1mm），然后按照一定规则堆积起来即可得到整个零件。

根据 3D 打印技术的原理，在进行实物打印时首先需要以物体三维数字模型为基础，输出利用三角面模拟几何模型的 STL 格式几何文件给专业分层软件，再利用软件将三维模型分层离散，根据实际的层面信息进行工艺规划并生成供打印设备识别的驱动代码，然后根据代码命令利用不同技术方式的打印设备，使用激光束、热熔喷嘴等方式将金属、陶瓷等粉末材料或纸、聚丙烯等固体材料以及液体树脂、细胞组织等液态材料进行逐层堆积黏结成型，最后再根据打印设备的技术特点进行固化、烧结、抛光等后处理。其工作流程如图 4-41 中所示。

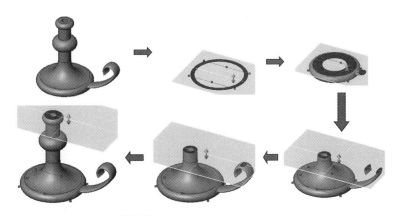

图 4-40　3D 打印技术原理示意图

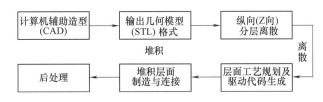

图 4-41　3D 打印技术的工作流程图

2. 特点

3D 打印技术的特性主要体现在表 4-2 所示的四个方面。

表 4-2　3D 打印技术的特性

特　性	说　明
形状复杂性	几乎可以制造任意复杂程度的形状和结构
材料复杂性	既可以制造单一材料的产品，又能够实现异质材料零件的制造
层次复杂性	允许跨越多个尺度（从微观结构到零件级的宏观结构）设计并制造具有复杂形状的特征
功能复杂性	可以在一次加工过程中完成功能结构的制造，从而简化甚至省略装配过程

3D 打印的这些特性为其在设计、过程建模和控制、材料和机器、生物医学应用、能源和可持续发展应用、社区发展、教育方面均带来了巨大的机遇与挑战。

4.7.2　技术及应用

1. 关键技术

（1）熔融沉积成形技术（FDM）　FDM 是现今使用最广泛的一种快速造型技术，是将丝状的热熔性材料加热熔化，机械喷头通过程序控制将丝状材料迅速地喷涂在工作板上，经过快速冷却之后形成熔融层。机械喷头按照程序进行逐层"打印"，直到将所有数据信息打印完毕造出实物为止。该技术主要适用于精度较高的实体产品，其示意图如图 4-42 所示。

（2）光固化立体成形技术（SLA）　SLA 是最早商用化的打印技术，按照照射方式的不同，可分为直接光刻和掩膜光刻法。

1）直接光刻法：直接光刻法基于直接光固化技术，如图 4-43a 所示。容器中存有液体树脂，这种树脂在一定波长和强度的紫外光（如波长 $\lambda = 325\,\text{nm}$）的照射下会迅速发生聚合反应，由液体转化为固体。

成型开始时，承物台位于液面以下一定距离，然后用激光在液体树脂的表面逐行扫描，直至顶层需固化的液体树脂全部固化。将承物台下移一定距离，使液体树脂重新覆盖固化树脂的表面以重复光固化过程。

2）掩膜光刻法：掩膜光刻法与直接光刻法的不同之处在于，激光路径和承物台的移动方向。如图4-43b所示，承物台位于下液面上方一定距离，然后通过窗口引导激光以固化承物台和下液面之间的液体树脂。将承物台上移一定距离，重复光固化过程。

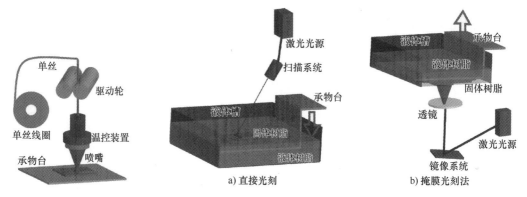

a) 直接光刻   b) 掩膜光刻法

图4-42　FDM熔融沉积成形技术　　　图4-43　光固化立体成形技术（SLA）

SLA技术中，紫外光源和光敏树脂材料是两个重要的影响因素，而很大程度上，光敏树脂限制了可用的光源。目前，常用的树脂有环氧树脂、丙烯酸基树脂等。

（3）叠层实体制造技术（LOM）　LOM技术由Helisys开发，这项技术基于一层一层材料的叠加而成型，材料包括塑料、纸、金属等。

如图4-44所示，将第一层薄膜材料置于承物台上，然后按照物体横截面的形状，使用激光扫描切割薄膜；接着承物台向下移动，同时转动滚轮移除多余薄膜材料，再将第二层薄膜覆盖在第一层上，重复激光的扫描切割动作完成第二层的造型。

根据建造材料的不同，层与层之间使用不同的方式结合。例如，对于纸，通常使用黏合剂；而对于金属材料，通常使用焊接。这一过程不停的重复，最终形成3D打印的产品。

LOM技术的优缺点如下：

1）优点：

① LOM技术获得的原型零件精度较高，通常小于0.15mm。

② 制件能承受高达200℃的温度，有较高的力学性能。

③ 制件的尺寸大，可达1600 mm。

2）缺点：

① 成型过程中需要对承物台和滚轮进行加热，以确保层与层之间有良好的黏结性，加热不均或不充分会导致层与层之间粘连不牢而起皮或导致结构破坏。

② 废料难以剥离，不能循环利用。

③ 所用材料必须能被制成薄膜，这也是LOM技术的另一缺点。

（4）选择性激光烧结/熔融技术（SLS/SLM）　SLS技术诞生于20世纪80年代，它仍然是基于固体粉末材料的一项技术。它与喷墨印刷技术相似，不同的是，前者采用激光作为热能量，熔化高分子聚合物、陶瓷（或金属）与黏结剂的混合粉直接成型，而后者使用黏合剂成型。

如图 4-45 所示，首先在承物台上均匀地覆盖一层粉末，再通过激光使粉末的局部温度升高以熔化粉末颗粒，粉末相互黏结，逐步得到轮廓。在非烧结区的粉末仍呈松散状，作为工件和下一层粉末的支撑。一层成型完成后，承物台下降一层的高度，再进行下一层的铺料和烧结，如此循环完成整个三维原型。

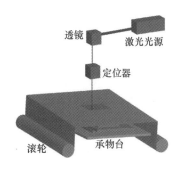

图 4-44　叠层实体制造技术

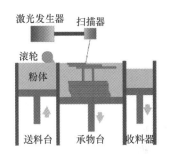

图 4-45　选择性激光烧结/熔融技术

SLM 技术是在 SLS 基础上发展起来的，它利用高功率密度的激光束直接熔化金属粉末，以获得具有一定尺寸精度和高致密度的金属零件。

2. 应用分析

目前，3D 打印技术已在工业造型、机械制造、航空航天、军事、建筑、影视、家电、轻工、医学、考古、文化艺术、雕刻、首饰等领域都得到了广泛应用，并且随着这一技术本身的发展，其应用领域将不断拓展。

（1）汽车制造　利用 3D 打印技术，可以在数小时或数天内制作出概念模型，由于 3D 打印的快速成型特性，汽车厂商可以应用于汽车外形设计的研发。与传统的手工制作油泥模型相比，3D 打印能更精确地将 3D 设计图转换成实物，而且时间更短，从而提高汽车设计层面的生产效率。3D 打印轮毂以及车身如图 4-46、图 4-47 所示。

图 4-46　3D 打印轮毂

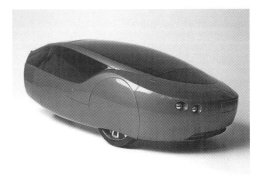

图 4-47　世界上首部 3D 打印汽车 Urbee 2

当前汽车的种类越来越多，汽车型号更是不断更新，这就给汽车维修带来了很多问题，尤其是一些限量版的汽车零部件相当少，维修过程中难以找到同类型的零件进行代替。3D

打印技术为各种车型的零部件缺失问题提供了很好的解决方案。3D 打印汽车零部件如图 4-48、图 4-49 所示。

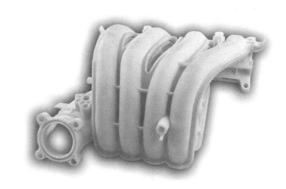

图4-48　3D 打印汽车座椅　　　　图4-49　3D 打印汽车进气歧管

（2）食品加工　随着人们对食品的要求越来越高，个性化的食品越来越受到人们的青睐。这种定制的食品通常为手工制作且只供应给少数人，生产效率低、成本较高。为了解决需求、效率与成本的问题，人们正在研究利用 3D 打印技术来生产食品。

3D 打印食品可根据消费者不同的喜好对食品的颜色、形状、口味甚至营养元素进行调整，从而实现个性化定制生产。随着技术的发展，3D 打印机将走进普通人家的厨房，为人们提供高质量的、新鲜的和有营养的食品。

目前，运用于 3D 食品打印的材料通常是可流动的，包括液体和粉末材料。材料成分主要有蛋白质、碳水化合物和脂肪，而这三种成本的不同配比也将影响其熔化温度、流动性、塑化温度等。应用场景如图 4-50 所示。

a) 饼干　　　　　　b) 巧克力　　　　　　c) 蛋糕

图 4-50　3D 打印食物

4.8　无线传感网络技术

在科学技术日新月异的今天，传感器技术作为信息获取的一项重要技术，得到了很大的发展，并从过去的单一化逐渐向集成化、微型化和网络化方向发展。无线传感器网络综合了传感器技术、嵌入式计算技术、分布式信息处理技术和通信技术，能够以协作的方式实时地监测、感知和采集网络区域内的各种对象的信息，并进行处理。

4.8.1　概念及特点

1. 概念

无线传感器网络是由部署在监测区域内大量的微型传感器节点组成的，通过无线通信的方式形成一个多跳的、自组织的网络系统，其目的是协作感知、采集和处理网络覆盖地理区域中感知对象的信息，并反馈给观察者。

2. 特点

传感器网络可实现数据的采集量化、处理融合和传输应用，它是信息技术中的一个新的领域，在军事和民用领域均有着非常广阔的应用前景。它具有以下特点：

（1）大规模　包括两方面的含义：一方面是传感器节点分布在很大的地理区域内，如在原始大森林采用传感器网络进行森林防火和环境监测，需要部署大量的传感器节点；另一方面，传感器节点部署很密集，在面积较小的空间内，密集部署了大量的传感器节点。

（2）自组织　传感器节点的放置位置不能预先精确设定，如通过飞机播撒大量传感器节点到面积广阔的原始森林中，这样就要求传感器节点具有自组织的能力，能够自动进行配置和管理。

（3）可靠性　无线传感网络技术特别适合部署在恶劣环境或人类不宜到达的区域，节点可以工作在露天环境中，遭受日晒、风吹、雨淋，甚至遭到人或动物的破坏。

（4）集成化　传感器节点的功耗低，体积小，价格便宜，实现了集成化。同时，微机电系统技术的快速发展会使传感器节点更加小型化。

4.8.2　技术及应用

1. 关键技术

无线传感器网络由无线传感器节点、网关节点、传输网络和监控中心四个基本部分组成。其组成结构如图4-51所示。

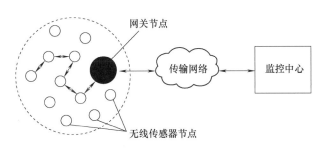

图4-51　无线传感网络的基本组成

（1）无线传感器节点　无线传感器节点具有感知、计算和通信能力，它主要由传感器模块、处理器模块、无线通信模块和电源组成，如图4-52所示，完成对感知对象的信息采集、存储和简单的计算。

（2）网关节点　无线传感器节点分布在需要监测的区域，用来监测特定的信息、物理参量等；网关节点将监测现场中许多传感器节点获得的被监测量数据收集汇聚后，通过传输网络传送到远端的监控中心。

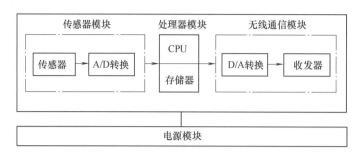

图 4-52　无线传感器节点的组成

（3）传输网络　传输网络为传感器之间、传感器与监控中心之间提供通畅的通信，可以在传感器与监控终端之间建立通信路径。

无线传感器网络中的部分节点或者全部节点可以移动，但网络节点发生较大范围内的移动，势必会使网络拓扑结构发生动态变化。节点之间以自组网方式进行通信，网络中每个节点既能够对现场环境进行特定物理量的监测，又能够接收从其他方向传感器送来的监测信息数据，并通过一定的路由选择算法和规则将信息数据转发给下一个接力节点。网络中每个节点还具备动态搜索、定位和恢复连接的能力。

（4）监控中心　针对不同的具体任务，监控中心负责对无线传感网络发送来的信息进行分析处理，并在需要的情况下向无线传感网络发布查询和控制指令。无线传感器网络的感知对象具体地表现为被监控对象的物理量信息，如温度、湿度、速度和有害气体的含量等。

2. 应用分析

无线传感器网络是当前信息领域中研究的热点之一，可用于特殊环境来实现信号的采集、处理和发送。无线传感器网络是一种全新的信息获取和处理技术，在智能制造中得到了越来越广泛的应用。智能制造中的一个重要环节是工业过程的智能监测。将无线传感器网络技术应用到智能监测中，将有助于工业生产过程工艺的优化，同时可以提高生产线过程检测、实时参数采集、生产设备监控、材料消耗监测的能力和水平，使得生产过程的智能监控、智能控制、智能诊断、智能决策、智能维护水平得到不断地提高。

工业用无线传感网络示意图如图 4-53 所示，其核心部分是低功耗的传感器节点（可以

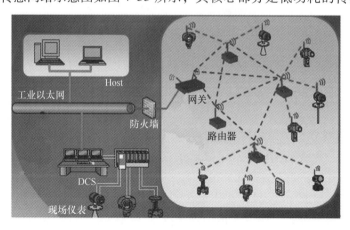

图 4-53　工业用无线传感网络示例

使用电池长期供电、太阳能电池供电，或风能、机械振动发电等）、网络路由器（具有网状网络路由功能）和无线网关（将信息传输到工业以太网和控制中心，或者通过互联网传输通信）。

4.9　射频识别技术

无线射频识别技术（Radio Frequency Identification，RFID）利用空间电磁波的耦合或传播进行通信，以达到自动识别被标识对象，获取标识对象相关信息的目的。RFID 的应用历史最早可以溯源到第二次世界大战期间，那时 RFID 就已被用于军用飞行目标的识别。

11. 射频识别与
实时定位技术

4.9.1　概念及特点

1. 概念

无线射频识别（RFID）技术是从 20 世纪 90 年代兴起的一项非接触式自动识别技术。RFID 的系统组成如图 4-54 所示。它利用射频方式进行非接触双向通信，以自动识别目标对象并获取相关数据，具有精度高、适应环境能力强、抗干扰强、操作快捷等许多优点。

2. 特点

根据阅读器的发射频率，RFID 分为低频（135kHz 以下）、高频（13.56MHz）、超高频（860～960MHz）和微波（2.45GHz 或 5.8GHz）频段。不同频率 RFID 的特点比较见表 4-3。

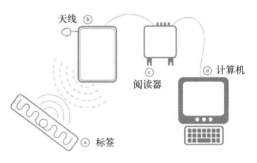

图 4-54　无线射频识别（RFID）的系统组成

表 4-3　不同频率 RFID 的特点比较

频率划分	低频	高频	超高频	微波
工作频率	135kHz 以下	13.56MHz	860～960MHz	2.45GHz 或 5.86GHz
数据速率	低（8kbit/s）	较高（106kbit/s）	高（640kbit/s）	高（≥1Mbit/s）
识别速度	低（≤1m/s）	中（≤5m/s）	高（≤50m/s）	中（≤10m/s）
穿透能力	能穿透大部分物体	基本能穿透液体	较弱	最弱
作用距离	≤60cm	1cm～1m	1～10m	25～50m
抗电磁干扰	弱	较弱	中	中
天线结构及尺寸	线圈，大	印刷线圈，较大	双极天线，较小	线圈，小
典型应用	身份识别、考勤系统、门禁系统、一卡通等	物流管理、公交卡、一卡通、安全门禁等	供应链物流管理、高速公路收费等	移动车辆识别、电子身份证、仓储物流应用等

4.9.2 技术及应用

1. 系统的组成及工作原理

RFID 系统因应用不同其组成会有所不同，但基本都由电子标签、阅读器和数据管理系统三大部分组成，如图 4-55 所示。

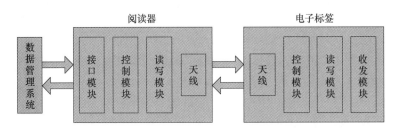

图 4-55　RFID 系统的基本原理框图

（1）电子标签　电子标签具有智能读写和加密通信的功能，它是通过无线电波与读写设备进行数据交换的，其工作能量由阅读器发出的射频脉冲提供。

（2）阅读器　阅读器有时也被称为"查询器""读写器"或"读出装置"。阅读器可将主机的读写命令传送到电子标签，再把从主机发往电子标签的数据加密，将电子标签返回的数据解密后送到主机。

（3）数据管理系统　数据管理系统主要完成数据信息的存储及管理，对卡进行读写控制等。

2. 应用分析

下面主要具体分析研究射频识别在交通、门禁安保、零售和图书管理领域的应用。

（1）交通领域　高速公路自动收费系统，也被称为不停车收费系统（Electronic Toll Collection，ETC）。其工作流程大致为：车辆驶入自动收费车道的感线圈，射频识别标签产生感应电流向 ETC 系统发送信号，将车辆的信息传输到收费中心；收费中心把收集来的信息进行数据信息判断，并把计算出的结果通过网络传输到收费中心；收费中心将处理传输过来的数据，并将处理结果（即收费标准等）传输至收费站，然后收费站对用户进行自动扣除费用。其工作过程如图 4-56 所示。

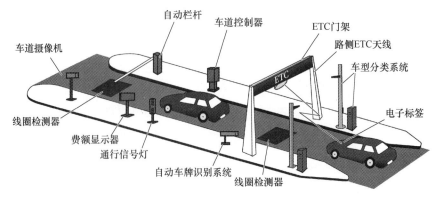

图 4-56　高速公路自动收费系统的工作示意图

（2）门禁安保领域　门禁保安系统也可应用射频卡作为身份识别载体，并能适用到多个场合，如用作工作证、出入证、停车卡、饭店住宿卡甚至旅游护照等，以明确对象身份后，简化出入手续、提高工作效率，如图4-57所示。

（3）零售业领域　射频识别技术在零售业有着广泛的应用空间，如商品库存、物流管理（根据RFID标签内容和应用系统信息及时跟踪商品的位置）、商品防伪（通过唯一性标识以及联网的数据查询系统鉴别物品真伪）、购物自动结算等，如图4-58所示。

a) 门禁卡　　　　　　b) 智能通道闸系统

图 4-57　门禁安保领域应用示例

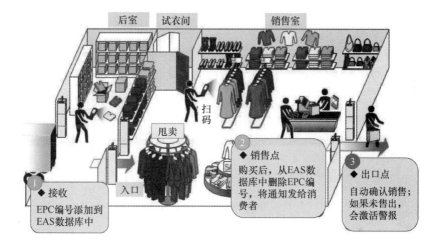

图 4-58　射频识别技术在服装行业中应用示例

（4）图书管理领域　图书馆应用射频识别技术后可以取代条形码和防盗磁条的全部功能。RFID技术可以用于实现文献信息采集、书籍的自助借还、图书统计补缺、门禁防盗、信息管理智能化等功能，如图4-59所示。

图 4-59　图书馆 RFID 管理系统示例

4.10 实时定位技术

随着物联网的发展和对目标物体定位需求的增加，催生了射频技术在实时定位领域的广泛应用。尽管目前 GPS/GPSOne、蓝牙定位技术、红外线定位技术、超声波定位技术以及超带宽技术等常见定位技术被广泛应用，但由于实时定位技术与其他定位技术相比具有非视距、非接触、定位精度高、无定位盲区、空间定位感强的优点，使得该技术在物料跟踪与定位、车辆的运输与调度以及仓储管理等领域发挥着越来越重要的作用。

4.10.1 概念及特点

1. 概念

实时定位系统（Real Time Locating Systems，RTLS）是一种特殊的局部定位系统，通过若干个信号接入点对区域内的待识别标签进行数据交换并计算出标签位置。标签可以采用主动式或被动感应式。

（1）主动式　主动式通过 AOA（基于到达角度定位）、TDOA（基于到达时间差定位）以及 RSSI（基于信号强弱定位）来实现，其特点是定位精度高，不易受干扰。

（2）被动感应式　被动感应式采用基于信号强度的方法进行位置计算，这种定位方式容易受到金属物等障碍物的影响，从而易出现偏差。

实时定位系统的构架如图 4-60 所示。

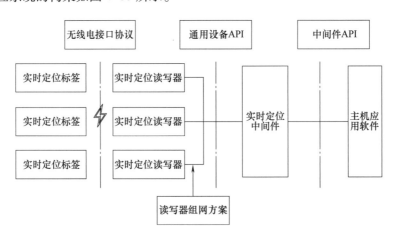

图 4-60　实时定位系统的构架

2. 特点

实时定位系统的主要特点如下：

1）实现技术手段丰富，可以针对不同的应用环境择优选择。

2）系统搭建复杂度较低，无需投入巨额成本。

3）智能化水平高，可以与已有视频监控网络有效的融合，以提高安全管控的层级。

4）在非可视条件下，对于目标位置的定位和历史轨迹追踪，具有明显优势。

4.10.2　技术及应用

1. 主要实现技术及对比

目前，室内实时定位系统通常采用超声、红外、超宽带（UWB）、窄频带等技术，在带宽、精度、墙体穿透性、抗干扰能力等方面存在各自的特点，其技术性能见表4-4。

表4-4　几种室内实时定位技术的性能比较

分　　类				频率	带宽	精度	墙体穿透性	贴标签	抗回波干扰
超声				非常高	非常高	非常高	不能	非常高	非常好
电磁	红外			非常高	非常高	非常高	不能	非常高	非常好
	射频	常规	超宽带	高	非常高	非常高	好	非常高	非常好
			窄频带	中	低	差	优异	低	差
		扩展频谱	信号强度	中	中	差	优异	低	差
			达到时间	中	中	中	非常好	中	中

由于超宽带的综合性能较好，因此目前大多数制造企业都采用了基于超宽带的实时定位系统。

2. 工作模式

目前的实时定位系统有两种模式：一部分采用专用的 RFID 标签与读写器搭建实时定位系统，另一部分则使用现成的 WiFi，并将网络技术运用于实时定位系统中。

（1）基于 RFID 的实时定位系统　基于 RFID 的实时定位系统是一种特殊的 RFID 系统，它的电子标签信号被系统中至少 3 个天线接收，并利用信号数据计算出标签的具体位置。

普通 RFID 和实时定位系统之间的差别是，RFID 标签是在移动经过固定的某点时被读出，而实时定位系统标签被自动连续地不断读出，不论标签是否移动，连续读取的间隔时间由用户确定，使用实时定位系统确定货物的位置时，不需要进行干涉或处理。

1）系统组成：基于 RFID 的实时定位系统由电子标签、读写器、中间件、应用系统四部分组成。系统模型如图 4-61 所示。

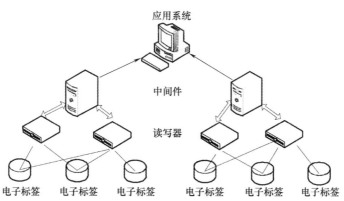

图 4-61　基于 RFID 的实时定位系统模型

① 电子标签。电子标签在实际应用中附着在待识别物体的表面,具有唯一的电子编码及相关信息。

② 读写器。读写器是数据采集终端,可无接触地读取并识别电子标签中所保存的电子数据。

③ 中间件。中间件是实时定位系统的核心设备,可以提供适合的接口使应用环境与RFID 前端设备能够进行数据交换。

④ 应用系统。应用系统正常运行时读写器将接收到的电子标签信息通过中间件传递给服务器,服务器进行一系列处理之后,再将信息传回读写器,从而完成产品的确认。

2)通信机制:基于 RFID 的实时定位系统中读写器与电子标签之间的通信机制需要兼顾空中协议、通信模式、数据帧结构以及数据传输安全四个方面的问题。

① 空中协议。指读写器与电子标签之间的通信协议,采用开发商自定义的私有协议能有效地避免信息非法截获、冒名顶替。

② 通信模式。处于主动发送态的电子标签按照预约数据帧格式向外发送数据信息,当检测到有效信号时,响应该命令,并与读写器进入通信状态,若未与其他电子标签发生信息碰撞,则进入监听状态,要求误差率在极小范围内。

③ 数据帧结构。包括前导码、数据长度、数据负荷和校验码四部分,其中前导码的作用是让读写器作同步使用,接下来为数据部分,数据负荷对读写器而言是状态、命令和相应的参数,对电子标签而言是其存储的信息。

④ 数据传输安全。数据安全隐患主要是由外界干扰和多个电子标签同时占用信道发送数据造成碰撞引起的,常用的应对方法有校验和多路存取法。

(2)基于 WiFi 的实时定位系统　基于 WiFi 的实时定位结合无线网络、射频技术和实时定位等技术,在 WiFi 覆盖的范围,能够随时跟踪监控资产和人员,实现实时定位和监控管理,通过优化资产的能见度,可以实现利用率和投资回报率的最大化。基于 WiFi 的实时定位系统主要应用在公共场所人员定位跟踪、智能安防,智能家居、环境安全检测以及重要物资监管等。

1)系统组成:基于 WiFi 的实时定位系统由 WiFi 终端程序、无线局域网接入点(AP)、定位服务器(Locating server)组成。网络拓扑结构如图 4-62 所示。

终端包括移动智能设备、PC 或 WiFi 定位标签,要求有 WiFi 发射器并能安装软件或配置有浏览器的设备。WiFi 接入点提供地址码信息,对传输数据进行加密。

定位服务器保存无线局域网接入点注册的数据,各个移动终端的接入位置信息也要实时更新,定位计算也在服务器上进行。

2)工作原理:在 WiFi 覆盖区,标签在工作时发出周期性信号,发射周期可由用户根据实际需要自行设置,每个定位标签具有与相应人员和物品信息相关联的电子编码。无线局域网接入点接收到信号后,将信号传送至定位服务器。服务器识别 RSSI 值,根据信号的强弱或到达时差计算出定位标签的位置,并在二维电子地图上显示位置信息。定位标签可以佩戴在人员身上或安装在物品(或车辆)上,通常基于 WiFi 的实时定位系统对资产和人员定位精度最高可达 1m,视现场环境一般可到 3m。

3. 应用分析

(1)外来人员、车辆管理　智能化楼宇(社区)一般都是由无线局域网覆盖的,实时定位系统不需要重新搭建,利用已有的无线局域网即可。实时定位系统利用 WiFi 定位电子

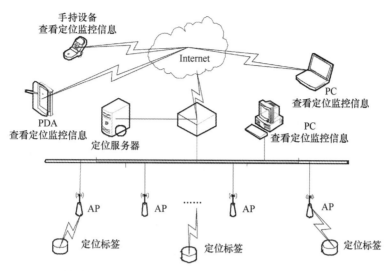

图 4-62 基于 WiFi 的实时定位系统网络拓扑结构图

标签与服务器，可实现的管理功能包括：长时间静止时自动报警；进入或走出禁止区域时自动报警；外来人员在监控区域内消失时自动报警等。

（2）重要资产追踪、防盗报警 在需要监控的区域搭建无线局域网，根据监控物品的大小以及定位精度，来确定无线局域网接入点的铺设。然后在物品上绑定电子标签，就可以实现对重要资产的追踪和防盗报警了，具体可实现的功能包括：物品放置位置错误自动报警；物品存储安全状态自动报警；物品被盗自动报警；仓库物品滑落自动报警等。

小 结

本章介绍了智能制造的十大关键技术：机器人技术、人工智能技术、物联网技术、大数据技术、云计算技术、虚拟现实技术、3D 打印技术、无线传感网络技术、射频识别技术、实时定位技术。针对每一项技术，首先介绍了概念和特点，然后介绍了核心技术和实际应用场景。通过本章节的学习，读者可以了解实现智能制造需要掌握哪些基础技术，为将来的进一步学习打下基础。

思 考 题

1. 机器人分为哪几类？
2. 人工智能包含哪几项关键技术？
3. 物联网的定义是什么？
4. 大数据的基本特征是什么？
5. 云计算有哪几种服务模式？
6. 虚拟现实系统包括哪些组成部分？
7. 请简述 3D 打印技术的基本原理。
8. 无线传感网络有哪些基本组成要素？
9. 射频识别技术的系统组成包括哪些部分？
10. 实时定位技术有哪两种工作模式？

第5章

Chapter

智能制造与工业机器人

机器人是典型的机电一体化装置，涉及机械、电气、控制、检测、通信和计算机等方面的知识。以互联网、新材料和新能源为基础，"数字化智能制造"为核心的新一轮工业革命即将到来，而工业机器人则是"数字化智能制造"的重要载体。

 5.1 工业机器人的定义和特点

工业机器人虽是技术上最成熟、应用最广泛的机器人，但对其具体的定义，科学界尚未统一，目前公认的是国际标准化组织（ISO）的定义。

12. 工业机器人概述

国际标准化组织的定义为："工业机器人是一种能自动控制、可重复编程、多功能、多自由度的操作机，能够搬运材料、工件或者操持工具来完成各种作业。"

我国国家标准将工业机器人定义为："自动控制的、可重复编程的、多用途的操作机，并可对三个或三个以上的轴进行编程。它可以是固定式或移动式，主要在工业自动化中使用。"

工业机器人最显著的特点如下：

（1）拟人化　在机械结构上类似于人的手臂或者其他组织结构。

（2）通用性　可执行不同的作业任务，动作程序可按需求改变。

（3）独立性　完整的机器人系统在工作中可以不依赖于人的干预。

（4）智能性　具有不同程度的智能功能，如感知系统等，提高了工业机器人对周围环境的自适应能力。

5.2　工业机器人的分类

工业机器人的分类方法有很多，常见的有：按结构运动形式分类、按运动控制方式分类、按程序输入方式分类和按发展程度分类。

1. 按结构运动形式分类

（1）直角坐标机器人　直角坐标机器人在空间上具有多个相互垂直的移动轴，常用的是 3 个轴，即 x，y，z 轴，如图 5-1 所示。其末端的空间位置是通过沿 x，y，z 轴来回移动形成的，是一个"长方体"。

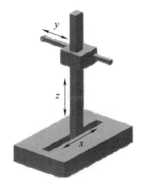

a) 示意图　　　　　　　　b) 哈工海渡—直角坐标机器人

图 5-1　直角坐标机器人

（2）柱面坐标机器人　柱面坐标机器人的运动空间位置是由基座回转、水平移动和竖直移动形成的，其作业空间呈"圆柱体"，如图 5-2 所示。

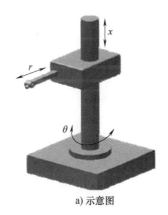

a) 示意图　　　　　　　　b) 柱面坐标机器人"Versatran"

图 5-2　柱面坐标机器人

（3）球面坐标机器人　球面坐标机器人的空间位置机构主要由回转基座、摆动轴和平移轴构成，具有 2 个转动自由度和 1 个移动自由度。其作业空间是球面的一部分，如图 5-3 所示。

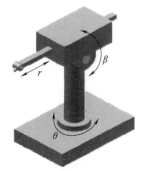
a)示意图

b)球面坐标机器人"Unimate"

图5-3　球面坐标机器人

（4）多关节型机器人　多关节型机器人由多个回转和摆动（或移动）机构组成，按旋转方向可分为水平多关节机器人和垂直多关节机器人两种。

1）水平多关节机器人　水平多关节机器人是由多个竖直回转机构构成的，没有摆动或平移，手臂都在水平面内转动，其作业空间为"圆柱体"，如图5-4所示。

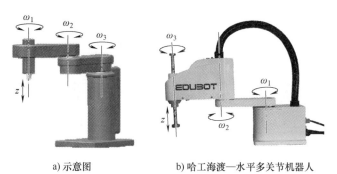
a)示意图　　　　　　　　b)哈工海渡—水平多关节机器人

图5-4　水平多关节机器人

2）垂直多关节机器人　垂直多关节机器人是由多个摆动和回转机构组成的，其作业空间近似于一个球体空间，如图5-5所示。

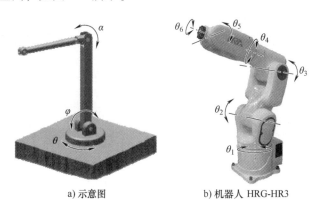
a)示意图　　　　　　　　b)机器人 HRG-HR3

图5-5　垂直多关节机器人

（5）并联机器人　并联机器人的基座和末端执行器之间通过至少两个独立的运动链相连接，机构具有两个或两个以上自由度，且是以并联方式驱动的一种闭环机构。工业应用最广泛的并联机器人是"DELTA"，如图5-6所示。

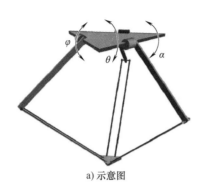 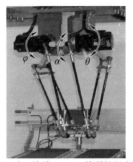

a) 示意图　　　　　　b) 哈工海渡DELTA并联机器人

图5-6　DELTA 并联机器人

相对于并联机器人而言，只有一条运动链的机器人称为"串联机器人"。

2. 按运动控制方式分类

（1）非伺服机器人　非伺服机器人按照预先编好的程序进行工作，使用限位开关、制动器、插销板和定序器等来控制机器人的运动。当它们移动到由限位开关所规定的位置时，限位开关切换至工作状态，给定序器送去一个工作任务已经完成的信号，并使终端制动器动作以切断驱动能源，使机器人停止运动。非伺服机器人的工作能力比较有限。

（2）伺服控制机器人　伺服控制系统是使物体的位置、方位、状态等输出被控量能够跟随输入目标（或给定值）任意变化的自动控制系统。它的主要任务是按控制命令的要求对功率进行放大、变换与调控等处理，使驱动装置输出的力矩、速度和位置都能得到灵活方便的控制。伺服控制系统是具有反馈功能的闭环自动控制系统，其结构组成与其他形式的反馈控制系统没有原则上的区别。

伺服控制机器人通过将传感器取得的反馈信号与来自给定装置的综合信号进行比较后，得到误差信号，经过放大后用以激发机器人的驱动装置，进而带动机械臂按一定规律运动。

伺服控制机器人按照控制的空间位置不同，又分为点位型机器人和连续轨迹型机器人。

1）点位型机器人：只控制执行机构由一点到另一点准确定位，不对点与点之间的运动过程进行控制，适用于机床上下料、点焊和一般搬运、装卸等作业。

2）连续轨迹型机器人：可控制执行机构按给定轨迹运动，适用于连续焊接和涂装等作业。

3. 按程序输入方式分类

（1）编程输入型机器人　可将计算机上已编好的作业程序文件，通过串口或者以太网等通信方式传送到机器人控制器。

（2）示教输入型机器人　示教方法一般有两种：在线示教和拖动示教。

1）在线示教：操作者利用示教器将指令信号传给驱动系统，使执行机构按要求的动作顺序和运动轨迹操演一遍。

2）拖动示教：操作者直接拖动执行机构，按要求的动作顺序和运动轨迹操演一遍。在示教的同时，工作程序的信息将自动存入程序存储器中，在机器人自动工作时，控制系统从程序存储器中检出相应信息，将指令信号传给驱动机构，使执行机构再现示教的各种动作。示教输入程序的工业机器人称为示教再现工业机器人。

4. 按发展程度分类

（1）第一代机器人　第一代机器人主要是指只能以示教再现方式工作的工业机器人，称为示教再现机器人。示教内容为机器人操作机构的空间轨迹、作业条件、作业顺序等。目前在工业现场应用的机器人大多属于第一代。

（2）第二代机器人　第二代机器人是感知机器人，带有一些可感知环境的装置，通过反馈控制使机器人能在一定程度上适应变化的环境。

（3）第三代机器人　第三代机器人是智能机器人，它具有多种感知功能，可进行复杂的逻辑推理、判断及决策，可在作业环境中独立行动；它具有发现问题且能自主地解决问题的能力。

智能机器人至少要具备以下 3 个要素：

（1）感觉要素　感觉要素包括能够感知视觉和距离等非接触型传感器以及能感知力、压觉、触觉等的接触型传感器，用来认知周围的环境状态。

（2）运动要素　机器人需要对外界做出反应性动作。智能机器人通常需要有一些无轨道的移动机构，以适应平地、台阶、墙壁、楼梯和坡道等不同的地理环境，并且在运动过程中要对移动机构进行实时控制。

（3）思考要素　根据感觉要素所得到的信息，思考采用什么样的动作，包括判断、逻辑分析、理解和决策等。思考要素是智能机器人的关键要素，也是人们要赋予智能机器人的必备要素。

 5.3 工业机器人在智能制造中的应用

工业机器人可以替代人从事危险、有害、有毒、低温和高热等恶劣环境中的工作，还可以替代人完成繁重、单调的重复劳动，提高劳动生产率，保证产品质量，主要用于汽车、3C 产品、医疗、食品、通用机械制造、金属加工、船舶等领域，用以完成搬运码垛、焊接切割、喷涂、抛光打磨等复杂作业。工业机器人与数控加工中心、自动引导车和自动检测系统可组成柔性制造系统（FMS）和计算机集成制造系统（CIMS），以实现生产自动化。

1. 搬运

搬运作业是指用一种设备握持工件，从一个加工位置移动到另一个加工位置。搬运机器人可安装不同的末端执行器（如机械手爪、真空吸盘等）以完成各种不同形状的工件搬运，大大减轻了人类繁重的体力劳动。通过编程控制，还可以配合各个工序的不同设备以实现流水线作业。搬运机器人广泛应用于机床上下料、自动装配流水线、码垛搬运、集装箱等自动搬运，如图 5-7 所示。

2. 焊接

目前，工业应用领域最广泛的是焊接机器人，如工程机械、汽车制造、电力建设等，焊

a) 机器人搬运工业应用

b) 机器人搬运实训站

图 5-7 搬运机器人

接机器人能在恶劣的环境下连续工作并提供稳定的焊接质量，提高工作效率，减轻工人的劳动强度。采用焊接机器人是焊接自动化的革命性进步，如图 5-8 所示。

a) 焊接机器人工业应用

b) 焊接机器人实训站

图 5-8 焊接机器人

3. 喷涂

喷涂机器人适用于生产量大、产品型号多、表面形状不规则的工件的外表面涂装，广泛应用于汽车、汽车零配件、铁路、家电、建材和机械等行业，如图 5-9 所示。

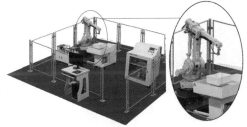

a) 喷涂机器人工业应用

b) 喷涂机器人实训站

图 5-9 喷涂机器人

4. 打磨

打磨机器人是指可进行自动抛光打磨的工业机器人，主要用于工件的表面打磨、棱角去毛刺、焊缝打磨、内腔内孔去毛刺、孔口螺纹口加工等工作，如图 5-10 所示。打磨机器人广泛应用于 3C、卫浴五金、IT、汽车零部件、工业零件、医疗器械、木材建材家具制造、民用产品等行业。

a) 打磨机器人工业应用　　　　　　b) 打磨机器人实训站

图 5-10　打磨机器人

5.4　工业机器人的发展概况

5.4.1　国外发展概况

1. 美国

1954 年，美国乔治·德沃尔制造出世界上第一台可编程序的机器人，最早提出工业机器人的概念，并申请了专利。

1959 年，乔治·德沃尔与美国发明家约瑟夫·英格伯格联手制造出第一台工业机器人"Unimate"，如图 5-11 所示。随后，成立了世界上第一家机器人制造工厂"Unimation 公司"。

1962 年，美国 AMF 公司生产出工业机器人"Versatran"。

1965 年，约翰·霍普金斯大学应用物理实验室研制出 Beast 机器人。Beast 已经能通过声呐系统、光电管等装置根据环境校正自己的位置。

1978 年，美国 Unimation 公司推出通用工业机器人"PUMA-560"，如图 5-12 所示。这标志着工业机器人技术已经完全成熟。

13. 工业机器人
发展概况

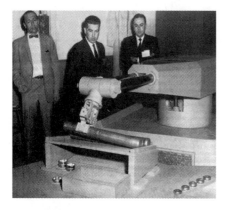　　　

图 5-11　机器人"Unimate"　　　　　　图 5-12　机器人"PUMA-560"

2. 日本

1967 年，日本川崎重工业公司首先从美国引进机器人及技术，建立生产厂房，并于 1968 年试制出第一台日本产 Unimate 机器人。经过短暂的摇篮阶段，日本的工业机器人很快进入实用阶段，并由汽车业逐步扩大到其他制造业和非制造业。

1980 年被称为日本的"机器人普及元年"，日本开始在各个领域推广使用机器人，这大大缓解了市场劳动力严重短缺的社会矛盾，再加上日本政府采取的多方面鼓励政策，这些机器人受到了广大企业的欢迎。

1980—1990 年，日本的工业机器人处于鼎盛时期，后来国际市场曾一度转向欧洲和北美，但日本经过短暂的低迷期又恢复了其昔日的辉煌。

3. 欧洲国家

瑞士的 ABB 公司是世界上最大的机器人制造公司之一。1974 年研发了世界上第一台全电控式工业机器人"IRB6"，主要应用于工件的取放和物料搬运。1975 年生产出第一台焊接机器人。到 1980 年兼并 Trallfa 喷漆机器人公司后，其机器人产品趋于完备。

德国的库卡（KUKA）公司是世界上几家顶级的工业机器人制造商之一。1973 年，KU-KA 公司研制开发了第一台工业机器人"Famulus"，所生产的机器人广泛应用于仪器、汽车、航天、食品、制药、医学、铸造、塑料等工业，主要用于材料处理、机床装备、包装、堆垛、焊接、表面修整等。

国际上较有影响力的、著名的工业机器人公司主要分为欧系和日系两种，具体来说，可分成"四大家族"和"四小家族"两个阵营，见表 5-1。

表 5-1　工业机器人阵营

阵营	企　业	国家	标　识	阵营	企　业	国家	标　识
四大家族	ABB	瑞士	ABB	其他	三菱	日本	MITSUBISHI ELECTRIC
	库卡	德国	KUKA		爱普生	日本	EPSON®
	安川	日本	YASKAWA		雅马哈	日本	YAMAHA
	发那科	日本	FANUC		现代	韩国	HYUNDAI
四小家族	松下	日本	Panasonic		优傲	丹麦	UNIVERSAL R
	欧地希	日本	OTC		柯马	意大利	
	那智不二越	日本	NACHi		史陶比尔	瑞士	STÄUBLI
	川崎	日本	Kawasaki		欧姆龙	日本	OMRON

5.4.2 国内发展概况

我国工业机器人起步于 20 世纪 70 年代初期，经过 40 多年的发展，大致经历了 3 个阶段：70 年代的萌芽期、80 年代的开发期和 90 年代及以后的实用化期。

1. 70 年代的萌芽期

20 世纪 70 年代，世界上工业机器人应用掀起一个高潮，在这种背景下，我国于 1972 年开始研制自己的工业机器人。

2. 80 年代的开发期

进入 20 世纪 80 年代后，随着改革开放的不断深入，我国机器人技术的开发与研究得到了政府的重视与支持。"七五"期间，国家投入资金，对工业机器人及其零部件进行攻关。

1985 年，哈工大蔡鹤皋院士主持研制了我国第一台弧焊机器人"华宇-Ⅰ型"（HY-Ⅰ型），如图 5-13 所示，解决了机器人轨迹控制精度及路径预测控制等关键技术。焊接的控制技术在国内外是创新的，微机控制的焊接电源与机器人联机和示教再现功能为国内首次应用；重复定位精度、动作范围、焊接参数数据控制精度、负载等主要技术指标接近或达到了国际同类产品水平。同年底，我国第一台重达 2000kg 的水下机器人"海人一号"在辽宁旅顺港下潜 60m，首潜成功，开创了机器人研制的新纪元。

图 5-13　哈工大制造的国内第一台弧焊机器人"华宇-Ⅰ型"

1986 年，国家高技术研究发展计划（863 计划）开始实施，取得了一大批科研成果，成功地研制出了一批特种机器人。

3. 90 年代及以后的实用化期

从 20 世纪 90 年代初期起，中国的经济掀起了新一轮的经济体制改革和技术进步热潮，我国的工业机器人又在实践中迈进了一大步，先后研制出了点焊、弧焊、装配、喷漆、切割、搬运、包装码垛等各种用途的工业机器人，并实施了一批机器人应用工程，形成了一批机器人产业化基地，为我国机器人产业的腾飞奠定了基础。

1995 年 5 月，上海交通大学研制成功了我国第一台高性能精密装配智能型机器人"精密一号"，它的诞生标志着我国已具有开发第二代工业机器人的技术水平。

4. 国内品牌

我国的工业机器人品牌有新松、埃夫特、埃斯顿、广州数控、HRG、珞石、台达、汇川等，见表 5-2。

5.4.3 发展现状分析

世界各国在发展工业机器人产业上各有不同，可归纳为三种不同的发展模式，即日本模式、欧洲模式和美国模式。

表5-2 国内工业机器人厂商

品牌	标 识	品牌	标 识
新松	SIASUN	HRG	HRG
埃夫特	EFORT	台达	DELTA
埃斯顿	ESTUN	珞石	ROKAE
广州数控	GSK 广州数控	汇川	INOVANCE

1. 日本模式

日本模式的特点是：各司其职，分层面完成交钥匙工程，即机器人制造厂商以开发新型机器人和批量生产优质产品为主要目标，并由其子公司或社会上的工程公司来设计制造各行业所需要的机器人成套系统，并完成交钥匙工程。

2. 欧洲模式

欧洲模式的特点是：一揽子交钥匙工程，即机器人的生产和用户所需要的系统设计制造，全部由机器人制造厂商自己完成。

3. 美国模式

美国模式的特点是：采购与成套设计相结合。美国国内基本上不生产普通的工业机器人，企业需要的机器人通常由工程公司进口，再自行设计、制造配套的外围设备，完成交钥匙工程。

4. 中国模式的走向

中国的机器人产业应走什么道路、如何建立自己的发展模式确实值得探讨。专家们建议我国应从"美国模式"着手，在条件成熟后逐步向"日本模式"靠近。

14. 主要技术参数

5.5 工业机器人的主要技术参数

选用什么样的工业机器人，首先要了解机器人的主要技术参数，然后按照生产和工艺的实际要求，通过机器人的技术参数来选择机器人的机械结构、坐标形式和传动装置等。机器人的技术参数反映了机器人的适用范围和工作性能，主要包括自由度、额定负载、工作空间、分辨率、工作精度和最大工作速度，其他参数还有控制方式、驱动方式、安装方式、动力源容量、本体重量和环境参数等。

1. 自由度

机器人的自由度是指工业机器人相对坐标系能够进行独立运动的数目，不包括末端执行器的动作，如焊接、喷涂等，如图5-14所示。

机器人的自由度反映了机器人动作的灵活性，自由度越多，机器人就越能接近人手的动

87

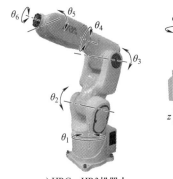 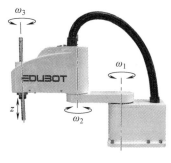

a) HRG—HR3机器人   b) 哈工海渡SCARA机器人

图 5-14　机器人的自由度

作机能,通用性越好;但是自由度越多,结构就越复杂,对机器人的整体要求就越高。因此,工业机器人的自由度是根据其用途设计的。

对于采用空间开链连杆机构的机器人,因每个关节运动副仅有一个自由度,故机器人的自由度数就等于它的关节数。

由于具有 6 个旋转关节的铰链开链式机器人从运动学上已被证明,能以最小的结构尺寸获取最大的工作空间,并且能以较高的位置精度和最优的路径到达指定位置,因而关节机器人在工业领域得到广泛的应用。

目前,焊接和涂装机器人多为 6 个自由度,搬运、码垛和装配机器人多为 4~6 个自由度。而 7 个及以上的自由度是冗余自由度,能够满足复杂工作环境和多变的工作需求。从运动学角度上看,完成某一特定作业时具有多余自由度的机器人称为冗余度机器人,如 KUKA 公司的 LBR iiwa,如图 5-15 所示。

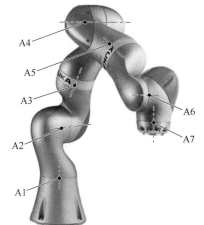

图 5-15　7 个自由度的 KUKA LBR iiwa 机器人

2. 额定负载

额定负载也称有效负荷,是指在正常作业条件下,工业机器人在规定的性能范围内,手腕末端所能承受的最大载荷。目前在用的工业机器人负载范围较大（0.5~2300kg）,见表 5-3。

表 5-3　工业机器人的额定负载

型号	FANUC M-1*i*A/0.5S	FANUC LR Mate 200iD/4S	FANUC M-200*i*A/2300	ABB IRB120
实物图				
额定负载	0.5kg	4kg	2300kg	3kg

88

（续）

型号	EPSON LS6-602S	YASKAMA MH12	YASKAWA MC2000II	KUKA KR16
实物图				
额定负载	2kg	12kg	50kg	16kg

额定负载通常用载荷图表示，如图5-16所示。

在图5-16中，纵轴 Z 表示负载重心到连接法兰端面的距离，横轴 L 表示负载重心在连接法兰所处平面上的投影与连接法兰中心的距离。图5-16所示物件重心落在1.5kg载荷线上，表示此时物件的质量不能超过1.5kg。

3. 工作空间

工作空间又称"工作范围"或"工作行程"，是指工业机器人作业时，手腕参考中心（即手腕旋转中心）所能到达的空间区域，不包括手部本身所能达到的区域，常用图形表示，如图5-17所示。图中，P 点为手腕参考中心，机器人 HRG-HR3 的工作空间为597.5mm。工作空间的形状和大小反映了机器人工作能力的大小，它不仅与机器人各连杆的尺寸有关，还与机器人的总体结构有关，工业机器人在作业时可能会因存在手部不能到达的作业死区而不能完成规定任务。

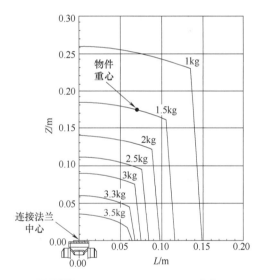

图5-16　机器人 ABB IRB120 的载荷图

由于末端执行器的形状和尺寸是多种多样的，为了真实地反映机器人的特征参数，生产商给出的工作范围一般是指不安装末端执行器时可以达到的区域。需要特别注意的是，在装上末端执行器后，需要同时保证工具姿态，实际的可达空间与生产商给出的有所区别，因此需要通过比例作图或模型核算，来判断是否满足实际需求。

4. 最大工作速度

最大工作速度是指在各轴联动的情况下，机器人手腕中心或者工具中心点所能达到的最大线速度。不同生产商对工业机器人的工作速度规定的内容有所不同，通常会在技术参数表格中进行说明，见表5-4。

89

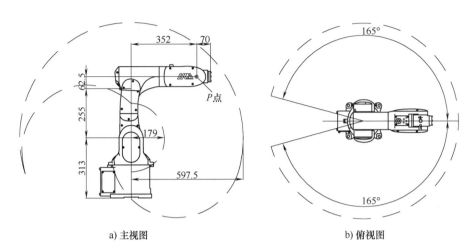

a) 主视图　　　　　　　　　　　　　b) 俯视图

图 5-17　机器人 HRG-HR3 的工作空间

表 5-4　ABB IRB120 的性能参数

性　　能		
1kg 拾料节拍		
25mm × 300mm × 25mm	0.58s	25mm × 300mm × 25mm 的含义： ① $S_1 = S_3 = 25mm$，$S_2 = 300mm$ ② 机器人末端持有 1kg 物料时，沿 $A→B→C→B→A$ 轨迹往返搬运一次的时间为 0.58s ③ 此往返过程中 TCP 的最大速度为 6.2m/s
TCP 最大速度	6.2m/s	
TCP 最大加速度	28m/s²	
加速时间	0.07s	

显而易见，最大工作速度越高，工作效率就越高。然而，工作速度越高，对工业机器人最大加速度的要求也越高。

5. 分辨率

分辨率是指工业机器人的每根轴能够实现的最小移动距离或最小转动角度。机器人的分辨率由系统设计检测参数决定，并受到位置反馈检测单元性能的影响。

系统分辨率可分为编程分辨率和控制分辨率两部分。其中，编程分辨率是指程序中可以设定的最小距离单位；控制分辨率是位置反馈回路能够检测到的最小位移量。显然，当编程分辨率与控制分辨率相等时，系统性能达到最高。

6. 工作精度

工业机器人的工作精度包括定位精度和重复定位精度。

（1）定位精度　又称"绝对精度"，是指机器人的末端执行器实际到达位置与目标位置之间的差距。

（2）重复定位精度　简称"重复精度"，是指在相同的运动位置命令下，机器人重复定位其末端执行器于同一目标位置的能力，以实际位置值的分散程度来表示。

实际上，当机器人重复执行某位置给定指令时，它每次走过的距离并不相同，都是在一个平均值附近变化，该平均值代表精度，变化的幅值代表重复精度，如图 5-18 和图 5-19 所示。机器人具有绝对精度低、重复精度高的特点。

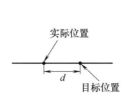
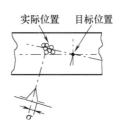

图 5-18 定位精度　　图 5-19 重复定位精度

一般而言，工业机器人的绝对精度要比重复精度低一两个数量级，其主要原因是：机器人本身的制造误差、工件加工误差以及机器人与工件的定位误差等因素的存在，使机器人的运动学模型与实际机器人的物理模型存在一定的误差，从而导致机器人控制系统根据机器人运动学模型来确定机器人末端执行器的位置时也会产生误差。

由于工业机器人具有转动关节，不同回转半径时其直线分辨率是变化的，因此机器人的精度难以确定，通常工业机器人只给出重复定位精度，见表 5-5。

表 5-5　常见工业机器人的重复定位精度

型　号	ABB IRB120	FANUC LR Mate 200iD/4S	YASKAMA MPP3H	KUKA KR16
实物图				
重复定位精度	±0.01mm	±0.01mm	±0.1mm	±0.05mm

5.6　人才培养

《机器人产业发展规划（2016—2020 年）》为"十三五"期间我国机器人的产业发展描绘了清晰的蓝图：到 2020 年，我国工业机器人的年产量将达到 10 万台，六轴及以上机器人的年产量达到 5 万台以上；服务机器人的年销售收入超过 300 亿元；培育 3 家以上的龙头企业，打造 5 个以上的机器人配套产业集群；工业机器人的平均无故障时间达到 8 万 h。

机器人的需求正盛，机器人相关的人才却稀缺。与整个市场需求相比，人才培养处于严重滞后的状态。此前的社会就业结构也导致机器人相关专业出现空白，几乎很难在高校发现相关专业。

工业机器人生产线的日常维护、修理、调试操作等方面都需要各方面的专业人才来处理，目前，中小型企业最缺的是具备先进的机器人操作、维修的技术人员。在实际行业应用中，工业机器人领域的职业岗位有4种：工业机器人系统操作员、工业机器人系统运维员、工业机器人操作调整工和工业机器人装调维修工。

1. 工业机器人系统操作员

工业机器人系统操作员是指使用示教器、操作面板等人机交互设备及相关机械工具对工业机器人、工业机器人工作站或系统进行装配、编程、调试、工艺参数更改、工装夹具更换及其他辅助作业的人员。

其主要工作任务如下：

1）按照工艺指导文件等相关文件的要求完成作业准备。

2）按照装配图、电气图、工艺文件等相关文件的要求，使用工具、仪器等进行工业机器人工作站或系统的装配。

3）使用示教器、计算机、组态软件等相关软硬件工具，对工业机器人、可编程序控制器、人机交互界面、电机等设备，以及视觉、位置等传感器进行程序编制、单元功能调试和生产联调。

4）使用示教器、操作面板等人机交互设备，进行生产过程的参数设定与修改、菜单功能的选择与配置、程序的选择与切换。

5）进行工业机器人系统工装夹具等装置的检查、确认、更换与复位。

6）观察工业机器人工作站或系统的状态变化并做相应操作，遇到异常情况时执行急停操作等。

7）填写设备装调、操作等记录。

2. 工业机器人系统运维员

工业机器人系统运维员是指使用工具、量具、检测仪器及设备，对工业机器人、工业机器人工作站或系统进行数据采集、状态监测、故障分析与诊断、维修以及预防性维护与保养作业的人员。

其主要工作任务如下：

1）对工业机器人本体、末端执行器、周边装置等机械系统进行常规性检查、诊断。

2）对工业机器人电控系统、驱动系统、电源及线路等电气系统进行常规性检查、诊断。

3）根据维护保养手册，对工业机器人、工业机器人工作站或系统进行零位校准、防尘、更换电池、更换润滑油等维护保养。

4）使用测量设备采集工业机器人、工业机器人工作站或系统的运行参数、工作状态等数据，进行监测。

5）对工业机器人工作站或系统的故障进行分析、诊断与维修。

6）编制工业机器人系统的运行维护、维修报告。

3. 工业机器人操作调整工

工业机器人操作调整工是指从事工业机器人系统及工业机器人生产线的现场安装、编程、操作与控制、调试与维护的人员。

其主要工作任务如下：

1）调整工具的使用，能够识读工装夹具的装配图。

2）机器人示教调试、离线编程应用。

3）关节机器人操作与调整，及其周边自动化设备的应用。

4）实现机器人工作站的喷涂、打磨、码垛、焊接等工艺的调整与应用。

5）AGV 导航应用、控制、操作与调整。

6）机器视觉与机器人通信，及其标定、编程与调试应用。

7）机器人系统应用方案的制定与集成，生产线运行质量的保证和生产优化。

8）理论与技能培训，以及现场物料、设备、人员、技术管理和指定保养方案。

9）机器人系统日常保养和周边设备保养。

4. 工业机器人装调维修工

工业机器人装调维修工是指从事工业机器人系统及工业机器人生产线的装配、调试、维修、标定、校准等工作的人员。

其主要工作任务如下：

1）根据机械装配图完成机械零部件、机器人或工作站系统部件等机械装置的检验与装配。

2）根据机器人电气装配图完成机器人或工作站电气组成部件的检验与装配。

3）完成机器人的整机调试，包括安装质量检查、性能调试等。

4）能够完成系统校准，进行校准补偿、参数与位置修正、环境识别、异常判断与分析、故障处理等。

5）能够完成系统标定，进行坐标系对准、测量采样、性能评价、机器人位姿与轨迹规划、采样数据统计与分析、异常应对等。

6）进行机器人机械与电气功能部件、控制系统、外围设置等的维修，完成系统常见故障的处理与日常保养，以及机器人技术改进与智能机器人维修等。

7）按照要求完成机器人培训，能够撰写培训方案、讲义等。

8）实现机器人项目的管理，进行质量控制和机器人集成应用系统的改进，并进行技术总结。

小　结

工业机器人是技术上最成熟、应用最广泛的机器人，是一种能自动控制、可重复编程的多功能操作机。本章在智能制造的背景下，对工业机器人的概念进行了概要介绍，并举例说明了工业机器人在智能制造中的重要应用。

思　考　题

1. 什么是工业机器人？
2. 工业机器人国际"四大家族"和"四小家族"是指哪几家企业？
3. 按结构运动形式，工业机器人可分为几类？
4. 什么是伺服控制系统？
5. 工业机器人的应用领域有哪些？

第6章

Chapter

工业机器人行业应用

　　根据国际机器人联合会（IFR）的统计，2017 年全球工业机器人的总销量超过 38 万台，同比增长 30%，连续五年创下新高。而汽车产业和电气电子产业是其增长主要驱动力。汽车、电子电器、工程机械、食品、医疗等行业已经大量使用工业机器人以实现自动化生产线，而工业机器人自动化生产线成套设备已经成为自动化装备的主流及未来发展的方向。

　　工业机器人的应用包括搬运、焊接、喷涂和打磨等复杂作业。本章将对工业机器人的常见应用进行相应介绍。

 ## 6.1　搬运机器人

　　搬运机器人是可以进行自动搬运作业的工业机器人，搬运时其末端执行器夹持工件，将工件从一个加工位置移动至另一个加工位置。

　　搬运机器人具有如下优点：

　　1）动作稳定，搬运准确性较高。

　　2）定位准确，保证批量一致性。

　　3）能够在有毒、粉尘、辐射等危险环境中作业，能改善工人的劳动条件。

　　4）生产柔性高、适应性强，可实现多形状、不规则物料的搬运。

　　5）能够部分代替人工操作，且可以进行长期重载作业，生产效率高。

　　基于以上优点，搬运机器人广泛应用于机床上下料、压力机自动化生产线、自动装配流

15. 搬运、焊接机器人应用概述

水线、集装箱搬运等场合。

6.1.1 搬运机器人的分类

按照结构形式的不同，搬运机器人可分为3大类：直角式搬运机器人、关节式搬运机器人和并联式搬运机器人。其中，关节式搬运机器人又分为水平关节式搬运机器人和垂直关节式搬运机器人，如图6-1所示。

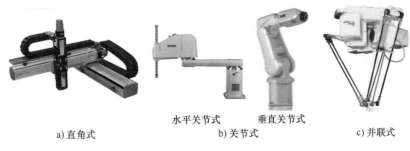

a) 直角式 　水平关节式　垂直关节式　b) 关节式　　c) 并联式

图6-1 搬运机器人的分类

1. 直角式搬运机器人

直角式搬运机器人主要由 X 轴、Y 轴和 Z 轴组成。多数采用模块化结构，可根据负载的位置、大小等选择对应直线运动单元以及组合结构形式。如果在移动轴上添加旋转轴就成为4轴或5轴搬运机器人。此类机器人具有较高的强度和稳定性，负载能力大，可以搬运大物料、重吨位物件，且编程操作简单，广泛应用于生产线转运、机床上下料等大批量生产过程，如图6-2所示。

2. 关节式搬运机器人

关节式搬运机器人是目前工业应用最广泛的机型，具有结构紧凑、占地空间小、相对工作空间大、自由度高等特点。

（1）水平关节式搬运机器人 这种机器人一般为4个轴，是一种精密型搬运机器人，具有速度快、精度高、柔性好、重复定位精度高等特点，在垂直升降方向刚性好，尤其适用于平面搬运场合，广泛应用于电子、机械和轻工业等产品的搬运，如图6-3所示。

图6-2 直角式搬运机器人搬运乒乓球

图6-3 水平关节式搬运机器人搬运电子产品

（2）垂直关节式搬运机器人　这种机器人多为 6 个自由度，其动作接近人类，工作时能够绕过基座周围的一些障碍物，动作灵活，广泛应用于汽车、工程机械等行业，如图 6-4 所示。

3. 并联式搬运机器人

这种机器人多指 DELTA 并联机器人，它具有 3 ~ 4 个轴，是一种轻型、高速搬运机器人，能安装于大部分斜面，独特的并联机构可实现快速、敏捷动作且非累积误差较低，具有小巧高效、安装方便和精度高等优点，广泛应用于 IT、电子产品、医疗药品、食品等的搬运，如图 6-5 所示。

 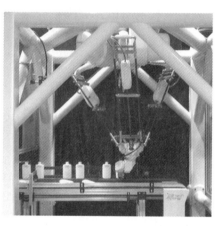

图 6-4　关节式搬运机器人搬运箱体　　　图 6-5　并联式搬运机器人搬运瓶状物

6.1.2　搬运机器人的系统组成

搬运机器人系统主要由操作机、控制器、示教器、搬运作业系统和周边设备组成。图 6-6 所示为关节式搬运机器人的系统组成。

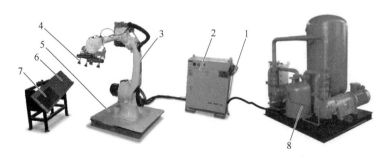

图 6-6　哈工海渡关节搬运机器人的系统组成

1—示教器　2—控制器　3—操作机　4—末端执行器（吸盘）　5—机器人安装平台
6—工件摆放装置　7—工件　8—真空负压站

1. 搬运作业系统

该系统主要由搬运型末端执行器和真空负压站组成。通常企业都会有一个大型真空负压站，为整个生产车间提供气源和真空负压。一般由单台或双台真空泵作为获得真空环境的主要设备，以真空罐为真空存储设备，连接电气控制部分组成真空负压站。双泵工作可加强系统的保障性。对于频繁使用真空源而所需抽气量不太大的场合，该真空站系统比直接使用真空泵作为真空源节约了能源，并有效地延长了真空泵的使用寿命，提高了企业的经济效益。

2. 周边设备

周边设备包括安全保护装置、机器人安装平台、输送装置、工件摆放装置等，用来辅助搬运机器人系统完成整个搬运作业。对于某些搬运场合，由于搬运空间较大，因此搬运机器人的末端执行器往往无法到达指定的搬运位置或姿态，此时需要通过外部轴来增加机器人的自由度。搬运机器人增加自由度最常用的方法是利用移动平台装置，将其安装在地面或龙门支架上，以扩大机器人的工作范围，如图6-7所示。

a) 哈工易科地面移动平台　　　　b) 哈工易科龙门支架移动平台

图6-7　哈工易科移动平台装置

6.2 焊接机器人

焊接机器人是指从事焊接作业的工业机器人，它能够按作业要求（如轨迹、速度等）将焊接工具送到指定空间位置，并完成相应的焊接过程。大部分焊接机器人是通用的工业机器人配上某种焊接工具而构成的，只有少数是为某种焊接方式专门设计的。

焊接机器人主要有以下优点：

1）具有较高的稳定性，能提高焊接质量，保证焊接产品的均一性。

2）能够在有害、恶劣的环境下作业，改善工人的劳动条件。

3）降低对工人操作技术的要求，且可以进行连续作业，生产效率高。

4）可实现小批量产品的焊接自动化生产。

5）能够缩短产品更新换代的准备周期，减少相应的设备投资，提高企业效益。

6）提高一种柔性自动化生产方式，可以在一条焊接生产线上同时自动生产多种焊件。

焊接机器人是应用最广泛的一类工业机器人，在各国机器人应用比例中占总数的40%～60%，广泛应用于汽车、土木建筑、航天、船舶、机械加工、电子电气等相关领域。

6.2.1 焊接机器人的分类

目前，焊接机器人基本上都是关节型机器人，绝大多数有 6 个轴。根据焊接工艺的不同，焊接机器人主要分 3 类：点焊机器人、弧焊机器人和激光焊机器人，如图 6-8 所示。

a) 点焊机器人　　　　　　b) 弧焊机器人　　　　　c) 激光焊机器人

图 6-8　焊接机器人的分类

1. 点焊机器人

点焊机器人是指用于自动点焊作业的工业机器人，其末端执行器为焊钳。在机器人焊接应用领域中，最早出现的便是点焊机器人，用于汽车装配生产线上的电阻点焊，如图 6-9 所示。

 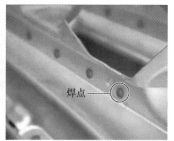

焊点

a) 点焊机器人作业　　　　　　　　　b) 点焊实际效果图

图 6-9　点焊机器人的应用

点焊适用于薄板焊接领域，如汽车车身焊接、车门框架定位焊接等。点焊只需要点位控制，对于焊钳在点与点之间的运动轨迹没有严格要求，这使得点焊过程相对简单，对点焊机器人的精度和重复定位精度的控制要求比较低。

点焊机器人的负载能力要求高，而且在点与点之间的移动速度要快，动作要平稳，定位要准确，以便于缩短移位时间，提高工作效率。另外，点焊机器人在点焊作业过程中，要保证焊钳能自由移动，可以灵活地变动姿态，同时电缆不能与周边设备产生干涉。点焊机器人还具有报警系统，如果在示教过程中操作者有错误操作或者在再现作业过程中出现某种故障，点焊机器人的控制器会发出警报，自动停机，并显示错误或故障的类型。

2. 弧焊机器人

弧焊机器人是指用于自动弧焊作业的工业机器人，其末端执行器是弧焊作业用的各种焊枪，如图 6-10 所示。目前工业生产应用中，弧焊机器人的作业主要包括熔化极气体保护焊作业和非熔化极气体保护焊作业两种类型。

（1）熔化极气体保护焊　这是指连续等速送进可熔化的焊丝并将被焊工件之间的电弧作为热源来熔化焊丝和母材金属，形成熔池和焊缝，同时利用外加保护气体作为电弧介质来保护熔滴、熔池金属及焊接区高温金属免受周围空气的有害作用，从而得到良好焊缝的焊接方法，如图 6-11 所示。

图6-10　弧焊机器人弧焊作业

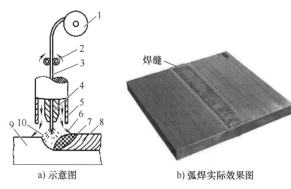

a) 示意图　　　　　　　　b) 弧焊实际效果图

图 6-11　熔化极气体保护焊示意图

1—焊丝盘　2—送丝滚轮　3—焊丝　4—导电嘴　5—喷嘴
6—保护气体　7—熔池　8—焊缝金属
9—母材（被焊接的金属材料）　10—电弧

利用焊丝 3 和母材 9 之间的电弧 10 来熔化焊丝和母材，形成熔池 7，熔化的焊丝作为填充金属进入熔池与母材融合，冷凝后即为焊缝金属 8。通过喷嘴 5 向焊接区喷出保护气体 6，使处于高温的熔化焊丝、熔池及其附近的母材免受周围空气的有害作用。焊丝是连续的，由送丝滚轮 2 不断地送进焊接区。

根据保护气体的不同，熔化极气体保护焊主要有二氧化碳气体保护焊、熔化极活性气体保护焊和熔化极惰性气体保护焊，其区别见表6-1。

表 6-1　熔化极气体保护焊的区别

名　　称	二氧化碳气体保护焊（CO_2 焊）	熔化极活性气体保护焊（MAG 焊）	熔化极惰性气体保护焊（MIG 焊）
保护气体	CO_2、$CO_2 + O_2$	$Ar + CO_2$、$Ar + O_2$、$Ar + CO_2 + O_2$	Ar、He、Ar + He
适用范围	结构钢和铬镍钢的焊接	结构钢和铬镍钢的焊接	铝和特殊合金的焊接

熔化极气体保护焊的特点如下：

1）在焊接过程中，电弧及熔池的加热熔化情况清晰可见，便于发现问题与及时调整，故焊接过程与焊缝质量易于控制。

2）在通常情况下不需要采用管状焊丝，焊接过程中没有熔渣，故焊后不需要清渣，从而降低了焊接成本。

3）适用范围广，生产效率高。

4）焊接时，采用明弧和使用的电流密度大，电弧光辐射较强，且不适于在有风的地方或露天施焊，往往设备较复杂。

（2）非熔化极气体保护焊　这主要是指钨极惰性气体保护焊（TIG焊），即采用纯钨或活化钨作为不熔化电极，利用外加惰性气体作为保护介质的一种电弧焊方法。TIG焊广泛用于焊接容易氧化的有色金属如铝、镁及其合金，不锈钢、高温合金、钛及钛合金，还有难熔的活性金属（如钼、铌、锆等）。

TIG焊有如下特点：

1）在弧焊过程中，电弧可以自动清除工件表面的氧化膜，适用于焊接易氧化、化学活泼性强的有色金属、不锈钢和各种合金。

2）钨极电弧稳定，即使在很小的焊接电流（＜10A）下仍可稳定燃烧，特别适用于薄板、超薄板材料的焊接。

3）热源和填充焊丝可分别控制，热输入容易调节，可进行各种位置的焊接。

4）钨极承载电流的能力较差，过大的电流会引起钨极的熔化和蒸发，其微粒有可能进入熔池，造成污染。

3. 激光焊机器人

激光焊机器人是指用于激光焊接自动作业的工业机器人，能够实现更加柔性的激光焊接作业，其末端执行器是激光加工头。

传统的焊接由于热输入极大，会导致工件扭曲变形，从而需要大量的后续加工手段来弥补此变形，致使费用加大。而采用全自动的激光焊接技术可以极大地减小工件变形，提高焊接产品的质量。激光焊接属于熔融焊接，是将高强度的激光束辐射至金属表面，通过激光与金属的相互作用，金属吸收激光转化为热能使金属熔化后冷却结晶形成焊接。激光焊接属于非接触式焊接，作业过程中不需要加压，但需要使用惰性气体以防熔池氧化。

激光焊接的特点如下：

1）焦点光斑小，功率密度高，能焊接高熔点、高强度的合金材料。

2）无需电极，没有电极污染或受损的顾虑。

3）属于非接触式焊接，可极大地降低机具的耗损及变形。

4）焊接速度快，功效高，可进行任何复杂形状的焊接，且可焊材质的种类范围大。

5）热影响区小，材料变形小，无需后续工序。

6）不受磁场所影响，能精确地对准焊件。

7）焊件位置需非常精确，务必在激光束的聚焦范围内。

8）高反射性及高导热性材料（如铝、铜及其合金等）的焊接性会受激光所改变。

由于激光焊接具有能量密度高、变形小、焊接速度高、无后续加工的优点，近年来，激光焊机器人广泛应用在汽车、航天航空、国防工业、造船、海洋工程、核电设备等领域，非常适用于大规模生产线和柔性制造，如图6-12所示。

6.2.2　弧焊动作

一般而言，弧焊机器人进行焊接作业时主要有4种基本的动作形式：直线运动、圆弧运动、直线摆动和圆弧摆动。其他任何复杂的焊接轨迹都由这4种基本动作形式组成。焊接作业时的附加摆动是为了保证焊缝位置对中和焊缝两侧熔合良好。

（1）直线摆动　机器人沿着一条直线做一定振幅的摆动。直线摆动程序先示教1个摆动开始点，再示教 2 个振幅点和 1 个摆动结束点，如图 6-13a 所示。

（2）圆弧摆动　机器人能够以一定的振幅摆动通过一段圆弧。圆弧摆动程序先示教 1 个摆动开始点，再示教 2 个振幅点和 1 个圆弧摆动中间点，最后示教 1 个摆动结束点，如图 6-13b所示。

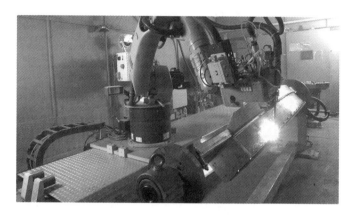

图 6-12　激光焊机器人焊接作业

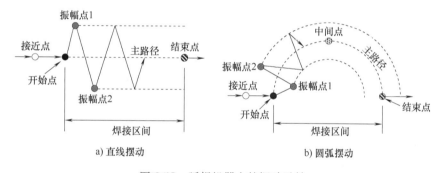

a) 直线摆动　　　　　　　　　　　b) 圆弧摆动

图 6-13　弧焊机器人的摆动示教

6.2.3　焊接机器人的系统组成

1. 点焊机器人的系统组成

点焊机器人系统主要由操作机、控制器、示教器、点焊作业系统和周边设备组成。图 6-14 所示为点焊机器人的系统组成。

（1）点焊作业系统　包括焊钳、点焊控制器、供电系统、供气系统和供水系统等。

1）焊钳：焊钳是指将点焊用的电极、焊枪架和加压装置等紧凑汇总的焊接装置。点焊机器人的焊钳种类较多，从外形结构上可分为两种：X 型焊钳和 C 型焊钳，分别如图 6-15 a、b 所示。按电极臂的加压的驱动方式，可分为气动焊钳和伺服焊钳，分别如图 6-15 c、d 所示。

X 型焊钳主要用于点焊水平及近于水平倾斜位置的焊点，电极做旋转运动，其运动轨迹为"圆弧"；C 型焊钳主要用于点焊垂直及近于垂直倾斜位置的焊点，电极做直线往复运动。气动焊钳是目前点焊机器人采用较广泛的，主要利用气缸压缩空气驱动加压气缸活塞，通常具有 2~3 个行程，能够使电极完成大开、小开和闭合 3 个动作，电极压力经调定后是

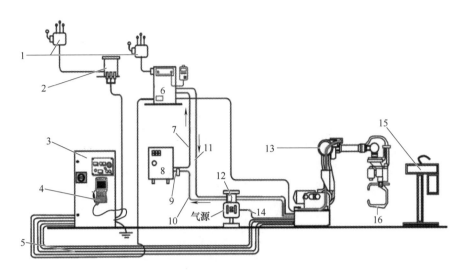

图 6-14   点焊机器人的系统组成

1—电源　2—机器人变压器　3—控制器　4—示教器　5—供电及控制电缆　6—点焊控制器　7—点焊控制器冷水管
8—冷却水循环装置　9—冷却水流量开关　10—焊钳回水管　11—焊钳冷水管　12—水气单元　13—操作机
14—焊钳进气管　15—电极修磨机　16—末端执行器（焊钳）

不能随意变化的；伺服焊钳采用伺服电动机驱动完成电极的张开和闭合，脉冲编码器反馈，其张开度可随实际需要任意设定并预置，且电极之间的压紧力可实现无级调节。

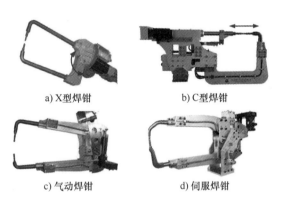

a) X型焊钳　　　　　b) C型焊钳

c) 气动焊钳　　　　　d) 伺服焊钳

图 6-15   焊钳的分类

2）点焊控制器：焊接电流、通电时间和电极加压力是点焊的三大条件，而点焊控制器是合理控制这三大条件的装置，是点焊作业系统中最重要的设备。它由微处理器及部分外围接口芯片组成，其主要功能是完成点焊时的焊接参数输入、点焊程序控制、焊接电流控制以及焊接系统故障自诊断，并实现与机器人控制器、示教器的通信联系，如图 6-16 所示。该装置启动后，系统一般就会自动进行一系列的焊接工序。

3）供电系统：供电系统主要包括电源和机器人变压器（图 6-17），其作用是为点焊机器人系统提供动力。

4）供气系统：供气系统包括气源、水气单元和焊钳进气管等。其中，水气单元包括压力开关、电缆、阀门、管子、回路、连接器和接触点等，用来提供水、气回路，如图 6-18 所示。

5）供水系统：供水系统包括冷却水循环装置、焊钳冷水管和焊钳回水管等。由于点焊是低压大电流焊接，在焊接过程中，导体会产生大量的热量，因此焊钳、焊钳变压器需要水冷。冷却水循环装置如图 6-19 所示。

（2）周边设备　周边设备包括安全保护装置、机器人安装平台、输送装置、工件摆放装置、电极修磨机、点焊机压力测试仪和焊机专用电流表等，用以辅助点焊机器人系统完成整个点焊作业。

图 6-16　点焊控制器

图 6-17　三相干式变压器

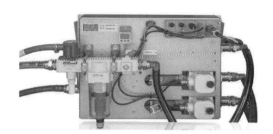

图 6-18　水气单元

图 6-19　冷却水循环装置

1）电极修磨机：用于对点焊过程中磨损的电极进行打磨，去除电极表面的污垢，如图 6-20 所示。

2）点焊机压力测试仪：用于焊钳的压力校正，如图 6-21 所示。在点焊过程中，为了保证焊接质量，电极加压力是一个重要因素，需要对其进行定期测量。

3）焊机专用电流表：用于设备的维护以及点焊时二次短路电流的测试，如图 6-22 所示。

图 6-20　电极修磨机

图 6-21　点焊机压力测试仪

图 6-22　焊机专用电流表

2. 弧焊机器人的系统组成

弧焊机器人系统主要由操作机、控制器、示教器、弧焊作业系统和周边设备组成。图 6-23 所示为弧焊机器人系统组成。

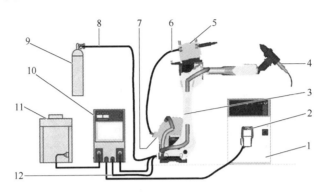

图 6-23 弧焊机器人的系统组成

1—控制器　2—示教器　3—操作机　4—末端执行器（焊枪）　5—送丝机　6—送丝导向管　7—焊丝盘架
8—保护气软管　9—保护气气瓶总成　10—弧焊电源　11—变位机　12—供电及控制电缆

（1）弧焊作业系统　弧焊作业系统主要由弧焊电源、焊枪、送丝机、保护气气瓶总成和焊丝盘架组成。

1）弧焊电源。弧焊电源是用来对焊接电弧提供电能的一种专用设备，如图 6-24 所示。弧焊电源的负载是电弧，它必须具有弧焊工艺所要求的电气性能，如合适的空载电压，一定形状的外特性，良好的动态特性和灵活的调节特性等。

弧焊电源按输出的电流分，有 3 类：直流、交流和脉冲。按输出外特性特征分，也有 3 类：恒流特性、恒压特性和缓降特性（介于恒流特性与恒压特性两者之间）。

熔化极气体保护焊的焊接电源通常有直流和脉冲两种，一般不使用交流电源。其采用的直流电源有磁放大器式弧焊整流器、晶闸管弧焊整流器、晶体管式和逆变式等几种。

图 6-24 弧焊电源

为了安全起见，每个焊接电源均须安装无熔丝的断路器或带熔丝的开关；母材侧电源电缆必须使用焊接专用电缆，并避免电缆盘卷，否则因线圈的电感储积电磁能量，二次侧切断时会产生巨大的电压突波，从而导致电源出现故障。

2）焊枪。焊枪是指在弧焊过程中执行焊接操作的部件。它与送丝机连接，通过接通开关将弧焊电源的大电流产生的热量聚集在末端来熔化焊丝，而熔化的焊丝渗透到需要焊接的部位，冷却后，被焊接的工件牢固地连接在一起。

焊枪一般由喷嘴、导电嘴、气体分流器、喷嘴接头和枪管（枪颈）等部分组成，如图 6-25 所示。有时在机器人的焊枪把持架上配备防撞传感器，其作用是当机器人在运动时，万一焊枪碰到障碍物，能立即使机器人停止运动，避免损坏焊枪或机器人。

其中，导电嘴装在焊枪的出口处，能够将电流稳定地导向电弧区。导电嘴的孔径和长

度因焊丝直径的不同而不同。喷嘴是焊枪的
重要零件，其作用是向焊接区域输送保护气
体，防止焊丝末端、电弧和熔池与空气
接触。

　　焊枪的种类很多，根据焊接工艺的不同
选择相应的焊枪。焊枪按照焊接电流的大小，
有两种结构：空冷式和水冷式，如图 6-26a、
b 所示。根据机器人的结构，可分为：内置式
和外置式，如图 6-26c、d 所示。

　　其中，焊接电流在 500A 以下的焊枪一般
采用空冷式，而超过 500A 的焊枪一般采用水
冷式；内置式焊枪的安装要求机器人末端的
连接法兰必须是中空的，而通用型机器人通
常选择外置式焊枪。

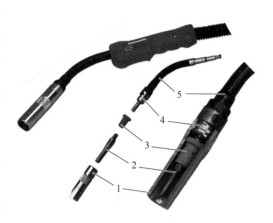

图 6-25　焊枪的结构
1—喷嘴　2—导电嘴　3—气体分流器
4—喷嘴接头　5—枪管（枪颈）

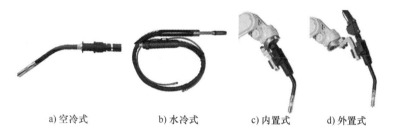

a) 空冷式　　　　b) 水冷式　　　c) 内置式　　　d) 外置式

图 6-26　焊枪的分类

　　3）送丝机。送丝机是为焊枪自动输送焊丝的装置，一般安装在机器人的第 3 轴上，由
送丝电动机、加压控制柄、送丝滚轮、送丝导向管、加压滚轮等组成，如图 6-27 所示。

　　送丝电动机驱动送丝滚轮旋转，为送丝提供动力，加压滚轮将焊丝压入送丝滚轮上的送
丝槽，增大焊丝与送丝滚轮的摩擦，将焊丝修整平直，平稳送出，使进入焊枪的焊丝在焊接
过程中不会出现卡丝现象。根据焊丝直径的不同，调节加压控制手柄可以调节压紧力的大
小。而送丝滚轮的送丝槽一般有 $\phi0.8$mm、$\phi1.0$mm、$\phi1.2$mm 三种，应按照焊丝的直径选
择相应的输送滚轮。

　　送丝机按照送丝形式分为 3 种：推丝式、拉丝式和推拉丝式。按照送丝滚轮的数目可分
为：一对滚轮和两对滚轮。

　　推丝式送丝机主要用于直径为 0.8～2.0mm 的焊丝，它是应用最广的一种送丝机；拉丝
式送丝机主要用于细焊丝（焊丝直径小于或等于 0.8mm），因为细焊丝刚性小，推丝过程易
变形，难以推丝；而推拉丝式送丝机既有推丝机，又有拉丝机，但由于结构复杂，调整麻
烦，实际应用并不多。送丝机的结构有一对送丝滚轮的，也有两对滚轮的；有只用一个电动
机驱动一对或两对滚轮的，也有用两个电动机分别驱动两对滚轮的。

　　4）焊丝盘架。焊丝盘架既可装在机器人的第 1 轴上（图 6-28），也可放置在地面上。
焊丝盘架用于固定焊丝盘。

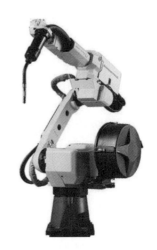

图 6-27　送丝机的组成　　　　图 6-28　焊丝盘架安装在机器人上

1—加压控制柄　2—送丝电动机　3—送丝滚轮

4—送丝导向管接头　5—加压滚轮

（2）周边设备　周边设备包括变位机、焊枪清理装置和工具快换装置等，用以辅助弧焊机器人系统完成整个弧焊作业。

1）变位机。在某些焊接场合，因工件空间的几何形状过于复杂，使得焊枪无法到达指定的焊接位置或姿态，此时需要采用变位机来增加机器人的自由度，如图 6-29 所示。

变位机的主要作用是实现焊接过程中将工件进行翻转变位，以便获得最佳的焊接位置，可缩短辅助时间，提高劳动生产率，改善焊接质量。如果采用伺服电动机驱动变位机翻转，可作为机器人的外部轴，与机器人实现联动，达到同步运行的目的。

2）焊枪清理装置。焊枪经过长时间焊接后，内壁会积累大量的焊渣，影响焊接质量，因此需要使用焊枪清理装置（图 6-30）进行定期清除。而焊丝过短、过长或焊丝端头呈球形，也可以通过焊枪清理装置进行处理。

图 6-29　变位机　　　　　　图 6-30　焊枪清理装置

3. 激光焊机器人的系统组成

激光焊接机器人系统主要由操作机、控制器、示教器、激光焊接作业系统和周边设备组成。图 6-31 所示为激光焊接机器人系统的组成。

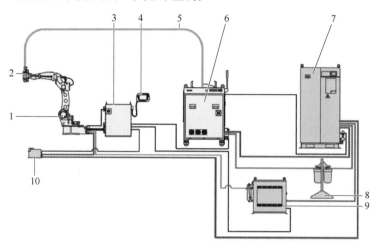

图 6-31　激光焊接机器人系统的组成

1—操作机　2—末端执行器　（激光加工头）　3—控制器　4—示教器　5—传输光纤　6—激光发生器
7—冷却水循环装置　8—过滤器　9—供水机　10—激光功率传感器

（1）激光焊接作业系统　激光焊接作业系统一般由激光加工头、激光发生器等组成。

1）激光加工头。激光加工头是执行激光焊接的部件，如图 6-32 所示。其运动轨迹和激光加工参数是由机器人控制器提供指令进行的。

2）激光发生器。激光发生器的作用是将电能转化为光能，产生激光束，主要有 CO_2 气体激光发生器和 YAG 固体激光发生器两种。CO_2 气体激光发生器的功率大，目前主要应用于深熔焊接，而在汽车领域，YAG 固体激光发生器的应用更广。随着科学技术的迅猛发展，半导体激光器的应用越加广泛，其具有占地面积小、功率大、冷却系统小、光可传导、备件更换频率和费用低等优点，如图 6-33 所示。

图 6-32　激光加工头

图 6-33　半导体激光发生器

（2）周边设备　周边设备包括安全保护装置、机器人安装平台、输送装置和工件摆放装置等，用以辅助激光焊接机器人系统完成整个焊接作业。

6.3 喷涂机器人

喷涂机器人又叫作喷漆机器人，是可以进行自动喷漆或喷涂其他涂料的工业机器人。喷涂机器人适用于产品型号多、表面形状不规则的工件外表面喷涂。

喷涂机器人具有以下优点：

1）工件喷涂均匀，重复精度好，能获得较高质量的喷涂产品。

2）提高了涂料的利用率，降低了喷涂过程中有害挥发性有机物的排放量。

3）柔性强，能够适应多品种、小批量的喷涂任务。

4）提高了喷枪的运动速度，缩短了生产节拍，效率显著高于传统的机械喷涂。

16. 喷涂、打磨机器人应用概述

5）易于操作和维护，可离线编程，大大地缩短现场调试时间。

基于以上优点，喷涂机器人被广泛应用于汽车及其零配件、仪表、家电、建材和机械等行业。

6.3.1 喷涂机器人的分类

按照机器人手腕结构形式的不同，喷涂机器人可分为球型手腕喷涂机器人和非球型手腕喷涂机器人。其中，非球型手腕喷涂机器人根据相邻轴线的位置关系又可分为正交非球型手腕和斜交非球型手腕两种形式，如图 6-34 所示。

a) 球型手腕　　　　b) 正交非球型手腕　　　　c) 斜交非球型手腕

图 6-34　喷涂机器人

1. 球型手腕喷涂机器人

球型手腕喷涂机器人除了具备防爆功能外，其手腕的结构与通用六轴关节型工业机器人相同，即 1 个摆动轴和 2 个回转轴，3 个轴线相交于一点，且两相邻关节的轴线垂直，具有代表性的国外产品有 ABB 公司的 IRB52 喷涂机器人，国内产品有新松公司 SR35A 喷涂机器人。

2. 非球型手腕喷涂机器人

（1）正交非球型手腕喷涂机器人　正交非球型手腕喷涂机器人的 3 个回转轴相交于两点，且相邻轴线的夹角为 90°，具有代表性的为 ABB 公司的 IRB5400、IRB5500 喷涂机器人。

（2）斜交非球型手腕喷涂机器人　斜交非球型手腕喷涂机器人的手腕相邻两轴线不垂直，而是具有一定角度，为 3 个回转轴，且 3 个回转轴相交于两点的形式，具有代表性的为 YASKAWA、Kawasaki、FANUC 公司的喷涂机器人。

6.3.2　喷涂机器人的系统组成

典型的喷涂机器人工作站主要由操作机、机器人控制系统、供漆系统、自动喷枪/旋杯、供电系统等组成，如图 6-35 所示。

1. 操作机

喷涂机器人与普通工业机器人相比，操作机在结构方面的差别主要是防爆、油漆及空气管路和喷枪的布置所导致的差异，归纳起来主要特点如下：

1）手臂的工作范围较大，进行喷涂作业时可以灵活避障。

2）手腕一般有 2~3 个自由度，适合内部、狭窄的空间及复杂工件的喷涂。

3）一般在水平手臂上搭载喷涂工艺系统，从而缩短清洗、换色时间，提高生产效率，节约涂料及清洗液，如图 6-36 所示。

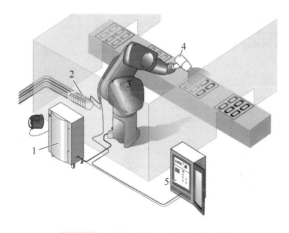

图 6-35　喷涂机器人工作站的组成
1—机器人控制系统　2—供漆系统　3—操作机
4—自动喷枪/旋杯　5—供电系统

图 6-36　集成于手臂上的喷涂工艺系统

2. 喷涂机器人控制系统

喷涂机器人控制系统主要完成主体和喷涂工艺控制，如图 6-37 所示。本体控制在控制原理、功能及组成上与通用工业机器人基本相同。喷涂工艺的控制则是对供漆系统的控制，即负责对涂料单元控制盘、喷枪/旋杯单元进行控制，发出喷枪/旋杯开关指令，自动控制和调整喷涂的参数，以控制换色阀及涂料混合器完成清洗、换色、混色作业。

3. 供漆系统

供漆系统主要由涂料单元控制盘、气源、流量调节器、齿轮泵、涂料混合器、换色阀、供漆供气管路及监控管线组成。供漆系统组成模块示例如图 6-38 所示。涂料单元控制盘简称气动盘，它接收机器人控制系统发出的喷涂工艺的控制指令，精准控制调节器、齿轮泵、喷枪/旋杯完成流量、空气雾化和空气成型的调整，同时控制涂料混合器、换色阀，以实现高质量和高效率的喷涂。

4. 自动喷枪/旋杯

喷枪是利用液体或压缩空气迅速释放作为动力的一种设备。目前，高速旋杯式静电喷枪已成为应用最广的工业喷涂设备，如图 6-39 所示。它在工作时利用旋杯的高速旋转运动产生离心作用，将涂料在旋杯内表面伸展成为薄膜，并通过巨大的加速度使其向旋杯的边缘运动，在离心力及

图 6-37 喷涂机器人控制系统

强电场的双重作用下涂料破碎为极细的且带电的雾滴，向极性相反的被涂工件运动，沉积在被涂工件的表面，形成均匀、平整、光滑、丰满的涂膜。

a) 流量调节器　　　　　b) 齿轮泵　　　　　c) 涂料混合器

图 6-38 供漆系统组成模块示例

图 6-39 高速旋杯式静电喷枪

5. 供电系统

供电系统负责向喷漆机器人、机器人控制器和供漆系统进行供电。

综上所述，喷涂机器人主要包括机器人和自动喷涂设备两部分。其中，机器人由机器人本体及完成喷涂工艺控制的控制系统组成，而自动喷涂设备主要由供漆系统及自动喷枪/旋杯组成。

6.4 打磨机器人

打磨机器人是指可进行自动打磨的工业机器人，主要用于工件的表面打磨、棱角去毛刺、焊缝打磨、内腔内孔去毛刺、孔口螺纹口加工等工作。

打磨机器人的优点如下：

1）改善工人劳动环境，可在有害环境下长期工作。

2）降低对工人操作技术的要求，减轻工人的工作劳动力。

3）安全性高，避免因工人疲劳或操作失误引起的风险。

4）工作效率高，一天可 24h 连续生产。

5）提高打磨质量，产品精度高，且稳定性好，保证其一致性。

6）环境污染少，减少二次投资。

打磨机器人广泛应用于 3C、卫浴五金、IT、汽车零部件、工业零件、医疗器械、木材建材家具制造、民用产品等行业。

6.4.1 打磨机器人的分类

在目前的实际应用中，打磨机器人大多是六轴机器人。根据末端执行器性质的不同，打磨机器人系统可分为两大类：机器人持工件和机器人持工具，如图 6-40 所示。

a) 机器人持工件　　　　　　　　b) 机器人持工具

图 6-40 打磨机器人系统分类

1. 机器人持工件

机器人持工件通常用于需要处理的工件相对比较小，机器人通过其末端执行器抓取待打磨工件并操作工件在打磨设备上进行打磨。一般在该机器人的周围有一台或数台工具。这种方式应用较多，其特点如下：

1）可以跟随很复杂的几何形状。

2）可以将打磨后的工件直接放到发货架上，容易实现现场流线化。

3）在一个工位上完成机器人的装件、打磨和卸件，投资相对较小。

4）打磨设备可以很大，也可以采用大功率，可以使打磨设备的维护周期加长，加快打磨速度。

5）可以采用便宜的打磨设备。

2. 机器人持工具

机器人持工具一般用于大型工件或对于机器人来说比较重的工件。机器人末端持有打磨抛光工具并对工件进行打磨抛光。工件的装卸可由人工进行，再由机器人自动地从工具架上更换所需的打磨工具。通常在此系统中采用力控制装置来保证打磨工具与工件之间的压力一致，以补偿打磨头的消耗，获得均匀一致的打磨质量，同时也能简化示教。这种方式有如下的特点：

1）要求工具的结构紧凑、重量轻。

2）打磨头的尺寸小，消耗快，更换频繁。

3）可以从工具库中选择和更换所需的工具。

4）可以用于磨削工件的内部表面。

6.4.2 打磨机器人的系统组成

此处仅介绍机器人持工具的打磨机器人系统的基本组成，其系统主要包括操作机、控制器、示教器、打磨作业系统和周边设备。图 6-41 所示为机器人持工具的打磨机器人系统组成。

1. 打磨作业系统

打磨作业系统包括打磨动力头、变频器、力传感器、力传感器控制器和自动快换装置等。

（1）打磨动力头　打磨动力头是一种用于机器人末端进行自动化打磨的装置，如图 6-42 所示。

根据工作方式的不同，打磨可分为刚性打磨和柔性打磨。其中，刚性打磨通常应用在工件表面较为简单的场合，由于刚性打磨头与工件之间属于硬碰硬性质的应用，很容易因工件尺寸偏差和定位偏差造成打磨质量下降，甚至会损坏设备，如图 6-43a 所示；而在工件表面比较复杂的情况下一般采用柔性打磨，柔性打磨头中的浮动机构能有效地

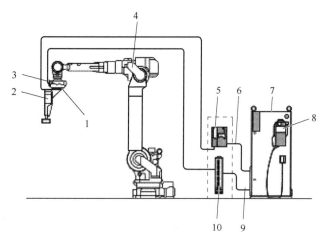

图 6-41　打磨机器人的系统组成
1—自动快换装置（ATC）　2—末端执行器
（打磨动力头）　3—力传感器　4—操作机
5—变频器　6—工具转速控制电缆　7—控制器
8—示教器　9—控制电缆　10—力传感器控制器

避免刀具和工件的损坏，吸收工件及定位等各方面的误差，以使工具的运行轨迹与工件表面的形状一致，实现跟随加工，保证打磨质量，如图 6-43b 所示。

在实际应用过程中，要根据工件及工艺要求的不同，选用适合的刚性和柔性打磨头。

（2）变频器　变频器是利用电力半导体器件的通断作用将工频电源（通常为50Hz）变成频率连续可调的电能控制装置，如图 6-44 所示。其本质上是一种通过频率变换方式来进行转矩（速度）和磁场调节的电机控制器。

图 6-42　打磨动力头

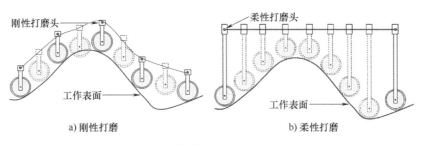

a) 刚性打磨　　　　　　　　　　　b) 柔性打磨

图 6-43　打磨方式

（3）自动快换装置　在多任务作业环境中，一台机器人要能够完成抓取、搬运、安装、打磨、卸料等多种任务，而自动快换装置的出现，让机器人能够根据程序要求和任务性质，自动快速地更换末端执行器，完成相应的任务，如图 6-45 所示。自动快换装置能够让打磨机器人快速从工具库中选择和更换所需的工具。

图 6-44　变频器　　　　　　　　　　图 6-45　自动快换装置

2. 周边设备

周边设备包括安全保护装置、机器人安装平台、输送装置、工件摆放装置、消音装置等，用以辅助打磨机器人系统完成整个打磨作业。

打磨工具会产生刺耳的高频噪声，而且打磨粉尘也会对车间造成污染。因此，打磨机器人系统应放置在消音房中，采用吸隔音墙体来降低噪声；房顶采用除尘管道，其接口可以连接车间的中央除尘系统，浮尘可由除尘系统抽走处理，大颗粒灰尘沉积下来定期由人工清扫。

小　结

本章介绍了工业机器人的常见行业应用，包括搬运、焊接、喷涂和打磨等复杂作业。对于每一类应用，重点介绍了机器人系统的系统组成，及各个组件的作用。通过对工业机器人常见应用系统的介绍，读者可以对工业机器人系统集成应用有初步了解。

思　考　题

1. 工业机器人主要的行业应用包括哪些？
2. 搬运机器人分为哪几类？
3. 按照焊接工艺的不同，焊接机器人分为哪几类？
4. 典型的喷涂机器人工作站主要由哪几部分组成？
5. 根据末端执行器性质的不同，打磨机器人系统可分为哪几类？

第7章

Chapter

工业机器人视觉技术及应用

工业4.0离不开智能制造，智能制造离不开机器视觉。如果说工业机器人是人类手的延伸，交通工具是人类腿的延伸，那么机器视觉就相当于人类视觉在机器上的延伸，是实现工业自动化和智能化的必要手段。机器视觉具有高度自动化、高效率和能够适应较差环境等优点，机器视觉与工业机器人的结合已成为工业机器人应用的发展趋势。

机器人视觉诞生于机器视觉之后，通过视觉系统使机器人获取环境信息，从而指导机器人完成一系列动作和特定行为，能够提高工业机器人的识别定位能力和多机协作能力，增加机器人工作的灵活性，为工业机器人在高柔性和高智能化生产线中的应用奠定了基础。

 ## 7.1 工业机器人视觉功能

机器视觉系统提高了生产的自动化程度，让不适合人类工作的危险工作环境变成了可能，让大批量生产、持续生产变成了现实，大大提高了生产效率和产品精度。其快速获取信息并自动处理的性能，也同时为工业生产的信息集成提供了方便。随着技术的成熟与发展，机器视觉在工业领域中的主要应用途径之一是通过工业机器人来实现。按照功能的不同，工业机器人的视觉功能可以分成4类：引导、检测、测量和识别。各功能对比见表7-1。

17. 工业机器人
视觉功能

表 7-1 视觉功能对比

	引 导	检 测	测 量	识 别
功 能	引导定位物体位姿信息	检测产品完整性、位置准确性	实现精确、高效的非接触式测量应用	快速识别代码、字符、数字、颜色、形状
输出信息	位置和姿态	完整性相关信息	几何特征	数字、字母、符号信息
场景应用	定位元件位姿	检测元件缺损	测量元件尺寸	识别元件字符

7.1.1 引导

机器人视觉引导是指视觉系统通过非接触传感的方式，实现指导机器人按照工作要求对目标物体进行作业，包括零件的定位放取、工件的实时跟踪等。

引导功能输出的是目标物体的位置和姿态。将元件与规定的公差进行比较，并确保元件处于正确的位置和姿态，以验证元件装配是否正确。视觉引导可用于将元件在二维或三维空间内的位置和方向报告给机器人或机器人控制器，让机器人能够定位元件或机器，以便将元件对位，如图 7-1 所示的机器人引导定位阿胶块。视觉引导还可用于与其他机器视觉工具进行对位。在生产过程中，如果元件以未知的方向呈现到相机面前，那么通过定位元件并将其他机器视觉工具与该元件对位，机器视觉能够实现工具的自动定位。机器人外包装引导定位应用如图 7-2 所示。

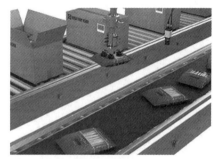

图 7-1 机器人视觉引导应用　　　　图 7-2 机器人外包装引导定位应用

7.1.2 检测

机器人视觉检测是指视觉系统通过非接触动态测量的方式，检测出包装、印刷有无错误、划痕等表面的相关信息，或者检测制成品是否存在缺陷、污染物、功能性瑕疵，并根据检测结果来控制机器人进行相关动作，实现产品检验。检测功能可以输出目标物体的完整性相关信息。检测功能应用较广泛，其应用场合包括检验片剂式药品是否存在缺陷，如图 7-3a 所示。在食品和医药行业，机器视觉用于确保产品与包装的匹配性，以及检查包装瓶上的安全密封垫、封盖和安全环是否存在等，如图 7-3b 所示。

这种检测方法除了能完成常规的空间几何形状、形体相对位置、物件颜色等的检测外，若配上超声、激光、X 射线探测装置，还可以进行物件内部的缺陷检测、表面涂层厚度测量

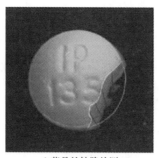
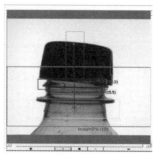

a) 药品的缺陷检测　　　　　　b) 可乐瓶盖的合格性检测

图 7-3　机器视觉系统的检测应用

等作业。

7.1.3　测量

机器人视觉测量是指求取被检测物体相对于某一组预先设定的标准偏差，如外轮廓尺寸、形状信息等。测量功能可以输出目标物体的几何特征等信息。通过计算被检测物体上两个或两个以上的点，或者通过几何位置之间的距离来进行测量，然后确定这些测量结果是否符合规格；如果不符合，视觉系统将向机器人控制器发送一个未通过信号，进而触发生产线上的不合格产品剔除装置，将该物品从生产线上剔除。常见的机器视觉测量应用包括齿轮、接插件、汽车零部件、IC 元件管脚、麻花钻、螺钉螺纹检测等。在实际应用中，通常有元件尺寸测量（图 7-4a）和零部件中圆尺寸测量（见图 7-4b）。

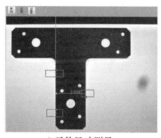

a) 元件尺寸测量　　　　　　b) 零部件中圆尺寸测量

图 7-4　机器视觉元件测量

117

7.1.4　识别

机器人视觉识别是指通过读取条码、DataMatrix 码、直接部件标识（DPM），以及元件、标签和包装上印刷的字符，或者通过定位独特的图案和基于颜色、形状、尺寸或材质等，来识别元件。识别功能可以输出数字、字母、符号等的验证或分类信息。其中，字符识别系统能够读取字母、数字、字符，无需先备知识；字符验证系统则能够确认字符串的存在性。DPM 应用是指将代码或字符串直接标记到元件上面。DPM 能够确保可追溯性，从而提高资产跟踪和元件真伪验证能力。

在实际应用中，在输送装置上配置视觉系统，机器人就可以用于对存在形状、颜色等差异的物件进行非接触式检测，以识别分拣出合格物件。文字字符识别、二维码识别、颜色分拣识别，如图 7-5 所示。

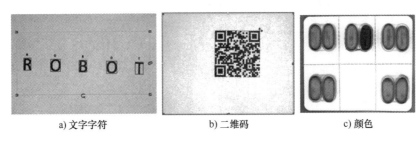

a) 文字字符　　　　　　　　b) 二维码　　　　　　　　c) 颜色

图 7-5　视觉识别的应用

7.2　工业机器人视觉系统概述

工业机器人视觉系统相当于机器人的眼睛，本节主要介绍工业机器人视觉系统的基本组成、视觉系统的工作过程、相机与机器人如何配合安装三个主要内容。典型的视觉系统一般包括相机、镜头、光源、图像处理单元或图像采集卡、图像处理软件、通信/输入输出单元、工业机器人外部设备等主要结构。

18. 工业机器人
视觉系统概述

7.2.1　工业机器人视觉系统的基本组成

机器视觉就是用机器代替人眼来进行测量和判断。工业机器人视觉系统在作业时，工业相机首先获取工件当前的位置状态信息，并传输给视觉系统进行分析处理，并与工业机器人进行通信，实现工件坐标系与工业机器人的坐标系转换，调整工业机器人至最佳位置姿态，最后引导工业机器人完成作业。

一个完整的工业机器人视觉系统是由众多功能模块共同组成的，所有功能模块相辅相成，缺一不可。基于 PC 的工业机器人视觉系统具体由图 7-6 所示的几部分组成。

1）工业相机与工业镜头——这部分属于成像器件，通常的视觉系统都由一套或多套这样的成像系统组成，如果有多路相机，那么可以由图像卡切换来获取图像数据，也可以由同步控制同时获取多相机通道的数据。

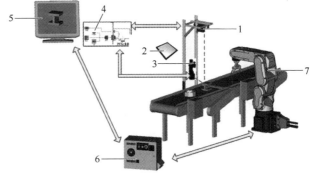

图 7-6　典型的视觉系统组成
1—工业相机与工业镜头　2—光源　3—传感器
4—图像采集卡　5—图像处理软件
6—机器人控制单元　7—工业机器人及外部设备

118

2）光源——作为辅助成像器件，对成像质量的好坏往往能起到至关重要的作用，各种形状的 LED 灯、高频荧光灯、光纤卤素灯等光源都可能会用到。

3）传感器——通常以光纤开关、接近开关等的形式出现，用来判断被测对象的位置和状态，以告知图像传感器进行正确的采集。

4）图像采集卡——通常以插入卡的形式安装在 PC 中，其主要工作是把相机输出的图像输送给计算机主机。它将来自相机的模拟或数字信号转换成一定格式的图像数据流，同时它可以控制相机的一些参数，如触发信号、曝光时间、快门速度等。图像采集卡通常有不同的硬件结构以针对不同类型的相机，同时也有不同的总线形式。

5）图像处理软件——机器视觉软件用来完成对输入图像数据的处理，然后通过一定的运算得出结果，这个输出结果可能是 PASS/FAIL 信号、坐标位置、字符串等。常见的机器视觉软件以 C/C++ 图像库、ActiveX 控件、图形式编程环境等形式出现，可以是专用功能的（如仅用于 LCD 检测、BGA 检测、模板对准等），也可以是通用目的的（包括定位、测量、条码/字符识别、斑点检测等）。通常情况下，智能相机集成了 4）、5）部分的功能。

6）机器人控制单元（包含 I/O、运动控制、电平转化单元等）——一旦视觉软件完成了图像分析（除非仅用于监控），紧接着需要与外部单元进行通信以完成对生产过程的控制。简单的控制可以直接利用部分图像采集卡自带的 I/O，相对复杂的逻辑/运动控制则必须依靠附加的可编程序控制单元/运动控制卡来控制机器人等设备实现必要的动作。

7）工业机器人等外部设备——工业机器人作为视觉系统的主要执行单元，根据控制单元的指令及处理结果，可以完成对工件的定位、检测、识别、测量等操作。

7.2.2 工业机器人视觉系统的工作过程

工业机器人视觉系统是指通过机器视觉装置将被检测目标转换成图像信号，再传送给专用的图像处理系统，根据像素分布和亮度、颜色等信息，转变成数字化信号；图像处理系统对这些数字化信号进行各种运算来抽取目标的特征，如面积、数量、位置、长度、颜色等，再根据预设的允许度和其他条件输出结果，包括尺寸、角度、个数、是否合格、外观、条码特征等，进而控制现场设备的作业。

工业机器人视觉系统的工作流程如图 7-7

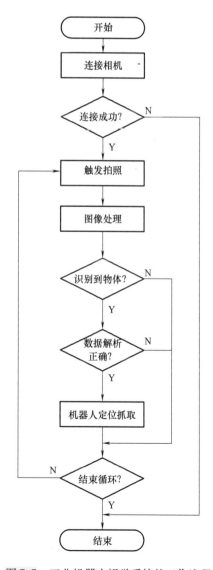

图 7-7 工业机器人视觉系统的工作流程

所示。首先连接相机，并确保相机已连接成功，然后触发相机拍照，将拍好的图像反馈给图像处理单元，接着由图像处理单元对捕捉到的像素进行分析运算来提取目标特征，识别到被检测的物体，对物体进行数据分析，进而引导机器人对物体进行定位抓取，反复循环此工作过程。

7.2.3 相机的安装

在工业应用中，工业机器人视觉系统简称手眼系统（hand-eye system）。根据机器人与摄像机之间的相对位置关系可以将机器人本体手眼系统分为 Eye-in-Hand（EIH）系统和 Eye-to-Hand（ETH）系统。

Eye-in-Hand 式系统：摄像机安装在工业机器人本体末端，并跟随本体一起运动的视觉系统，如图 7-8a 所示。

Eye-to-hand 式系统：摄像机安装在工业机器人本体之外的任意固定位置，在机器人工作过程中不随机器人一起运动，利用摄像机捕获的视觉信息来引导机器人本体动作，如图 7-8b 所示。

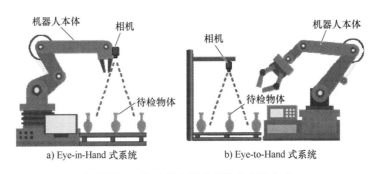

a) Eye-in-Hand 式系统   b) Eye-to-Hand 式系统

图 7-8　工业机器人视觉系统的安装方式

这两种视觉系统根据自身特点有着不同的应用领域。其中，Eye-to-Hand 系统能在小范围内实时地调整机器人姿态，手眼关系求解简单；Eye-in-Hand 方式的优点是摄像机的视场随着机器人的运动而发生变化，从而增加了它的工作范围，但其标定过程比较复杂。

  7.3 工业机器人视觉技术基础

7.3.1 视觉系统成像原理

图像是空间物体通过成像系统在像平面上的投影。图像上每一个像素点的灰度反映了空间物体表面点所反射光的强度，而该点在图像上的位置则与空间物体表面对应点的几何位置有关。机器视觉是根据摄像机成像模型利用所拍摄的图像来计算三维空间中被测物体的几何参数的，因此建立合理的摄像机成像模型是三维测量中的重要步骤。

1. 透视成像原理

机器视觉中的光学成像系统是由工业相机和镜头所构成的，镜头由一系列光学镜片和镜筒所组成，其作用相当于一个凸透镜，使物体成像。因此对于一般的工业机器人视觉系统，可以直接应用透镜成像理论来描述摄像机成像系统的几何投影模型（见图7-9）。

根据物理学中光学原理可知：

$$\frac{1}{f} = \frac{1}{m} + \frac{1}{n}$$

式中　f——透镜焦距，$f = OB$；

　　　m——像距，$m = OC$；

　　　n——物距，$n = AO$。

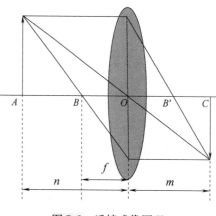

针孔模型假设物体表面的反射光都经过一个针孔而投影到像平面上，即满足光的直线传播条件。针孔模型主要由光心（投影中心）、成像面和光轴组成（见图7-10）。针孔模型与透镜成像模型具有相同的成像关系，即像点是物点和光心的连线与图像平面的交点。

图7-9　透镜成像原理

在实际应用中，通常对上述针孔成像模型进行反演，使图像平面沿着光轴位于投影中心的前面，同时保持图像平面中心的坐标系（见图7-11），该模型称为"小孔透视模型"，根据投影的几何关系就可以建立空间中任何物体在相机中的成像位置的数学模型。对于眼睛、摄像机或其他许多成像设备而言，小孔透视模型是最基本的模型，也是一种最常用的理想模型，其物理上相当于薄透镜，它的成像关系是线性的。小孔透视模型不考虑透镜的畸变，在大多数场合，这种模型可以满足精度要求。

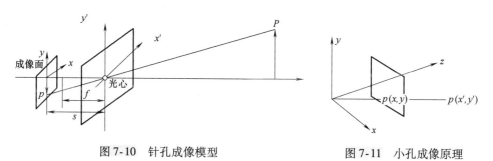

图7-10　针孔成像模型　　　　图7-11　小孔成像原理

2. 坐标系

摄像机成像模型通过一系列坐标系来描述空间中的点与该点在像平面上的投影之间的相互关系，其几何关系如图7-12所示，其中o_c点称为摄像机的光心。摄像机成像过程中所用到的坐标系有世界坐标系、摄像机坐标系、图像坐标系和像素坐标系。

（1）世界坐标系　世界坐标系是指空间环境中的一个三维直角坐标系，如图7-12中的o_w-$x_w y_w z_w$所示，通常为基准坐标系，用来描述环境中任何物体（如摄像机）的位置。空间物点p在世界坐标系中的位置可表示为$(x_w,\ y_w,\ z_w)$。

（2）摄像机坐标系　摄像机坐标系是以透镜光学原理为基础的，其坐标系原点为摄像机的光心，轴为摄像机光轴，如图7-12中的空间直角坐标系o_c-$x_c y_c z_c$，其中z_c轴与光轴重合。空间物点p'在摄像机坐标系中的三维坐标为(x_c, y_c, z_c)。

（3）图像坐标系　图像坐标系是建立在摄像机光敏成像面上、原点在摄像机光轴上的二维坐标系，如图 7-12 中的 o—xy。图像坐标系的 x、y 轴分别平行于摄像机坐标系的 x_c、y_c 轴，原点 o 是光轴与图像平面的交点。空间物点 P' 在图像平面的投影为 p，点 p 在图像坐标系中的位置可表示为 $p(x，y)$。

（4）像素坐标系　像素坐标系是一种逻辑坐标系，存在于摄像机内存中，并以矩阵的形式进行存储，其原点位于图像的左上角，如图 7-13 所示的平面直角坐标系 o_0-uv。在获知摄像机单位像素尺寸的情况下，图像坐标系可以与像素坐标系之间进行数据转换。像素坐标系的 u、v 轴分别平行于图像坐标系的 x、y 轴，光轴与图像平面的交点 o 的像素坐标可表示为（u_0，v_0）。

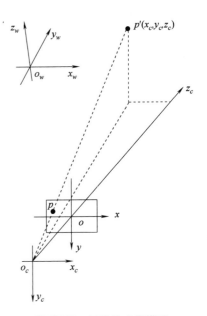

图 7-12　摄像机成像模型

3. 畸变模型

在计算机视觉的研究和应用中，将三维空间场景通过透视变换转换成二维图像，所使用的仪器或设备都为由多片透镜组成的光学镜头，如胶片相机、数码相机、摄像机等。它们都有着相同的成像模型，即小孔模型，由于摄像机制造和工艺的原因，如入射光线在通过各个透镜时所折射的误差和 CCD 点阵位置误差等，摄像机的光学成像系统与理论模型之间会存在差异，因此二维图像存在不同程度的非线性变形，通常把这种非线性变形称为"几何畸变"。

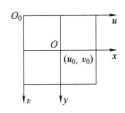

图 7-13　像素坐标系

镜头的几何畸变包括径向畸变、偏心畸变和薄棱镜畸变三种。其中，径向畸变主要是由镜头形状缺陷造成的，是关于摄像机镜头的主光轴对称的。偏心畸变主要是由光学系统与几何中心不一致造成的，即透镜的光轴中心不能严格共线。薄棱镜畸变是由于镜头设计、制造缺陷和加工安装误差所造成的，如镜头与摄像机面有很小的倾角等。上述三种畸变会导致两种失真，其关系如图 7-14 所示。

在图像的各种形式的畸变中，图像径向畸变占据着主导地位，主要包括枕形畸变和桶形畸变，如图 7-15 所示。而对于切向畸变，在实际的相机成像过程中，并不明显，可以忽略。

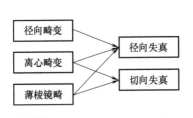

图 7-14　镜头畸变与失真的关系

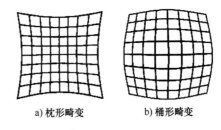

a) 枕形畸变　　b) 桶形畸变

图 7-15　径向畸变

线性投影模型忽略了镜头畸变过程，只能用于视野较狭窄的摄像机定标，当镜头畸变较明显，特别是在使用广角镜头时，在远离图像中心的位置会有较大的畸变，这时线性模型就无法准确地描述成像几何关系了，需要使用非线性模型的标定方法。由于相机的畸变校正需要引入非线性畸变公式，其推导过程比较复杂，这里就不过多讲解。

19. 工业机器人
视觉技术基
础与应用

7.3.2　数字图像基础

1. 数字图像的定义

数字图像，又称为数码图像或数位图像，是二维图像用有限数字数值像素的表示。由数组或矩阵表示，其光照位置和强度都是离散的。数字图像是由模拟图像数字化得到的，以像素为基本元素，可以用数字计算机（或数字电路）存储和处理的图像（见图7-16）。

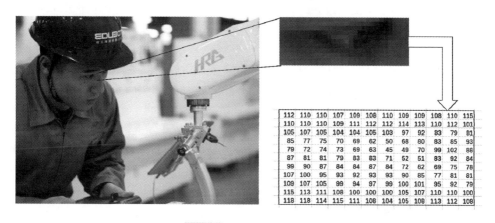

图7-16　数字图像的表示

2. 像素与像素级

像素（或像元，Pixel）是数字图像的基本元素，是在模拟图像数字化时对连续空间进行离散化得到的。每个像素具有整数行（高）和列（宽）位置坐标，同时每个像素都具有整数灰度值或颜色值。通常把数字图像的左上角作为坐标原点，水平向右为横轴 x 的正方向，垂直向下作为纵轴 y 的正方向（图7-17）。如果设图像数据 image，那么在距离图像原点水平方向为 i、垂直方向为 j 的像素点，即 (i, j) 处像素的灰度值（简称"像素值"），可以用数组 $image(i, j)$ 表示。

像素数是指一帧图像上像素的个数，像素级是指像素数字大小的范围。像素数和像素级决定了图像的清晰度，也就是图像质量的好坏（图7-18）。像素数越大，单位面积内的像素点越多，清晰度越高；像素级越高，即像素值范围（量化级数）越大，图像灰度表现越丰富。在实际应用中，考虑到在计算机内操作的方便性，一般采用256级，这意味着表示像素的灰度取值在 0~255。

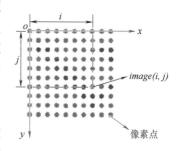

图7-17　图像像素

123

a) 512×384   b) 256×192   c) 128×96   d) 64×48

图 7-18   不同像素数的图像

3. 图像处理基础

本节的主要目的是介绍所用到的数字图像处理的一些基本概念，包括灰度处理、图像二值化和图像锐化。

（1）灰度处理   灰度是指只含亮度信息、不含色彩信息。黑白照片就是灰度图，其特点是亮度由暗到明，变化是连续的。灰度图像的描述与彩色图像一样，仍然反映了整幅图像的整体及局部的色度和亮度等级的分布和特征。

将彩色图像转化为灰度图像的过程称为图像灰度化。彩色图像中的像素值由 R、G、B 三个分量决定，其中每个分量都有 256 种（0～255）选择，这样一个像素点的像素值可以有 1600 万（256×256×256）种可能的颜色的变化范围。而灰度图像是 R、G、B 三个分量相同的一种特殊的彩色图像，其一个像素值的变化范围为 256 种。所以在数字图像处理中一般先将各种格式的图像转变成灰度图像，以便后续处理，降低计算量。

灰度化原理：首先通过灰度值的计算方法求出每一个像素点的灰度值 Gray，然后将原来的 RGB（R，G，B）中的 R、G、B 统一用 Gray 替换，形成新的颜色 RGB（Gray，Gray，Gray），最后用它替换原来的 RGB（R，G，B）就是灰度图了。

灰度值 Gray 的计算可用以下三种方法来实现：最大值法、均值法和加权平均法。三种方法灰度化的效果如图 7-19 所示。

a) 原图   b) 灰度化（最大值法）   c) 灰度化（均值法）   d) 灰度化（加权平均法）

图 7-19   图像灰度化

（2）图像二值化   在进行了灰度化处理之后，图像中每个像素的 R、G、B 为同一个值，即像素的灰度值，它的大小决定了像素的亮暗程度。为了更加便利地开展后面的图像处理操作，还需要对已经得到的灰度图像进行一个二值化处理。

二值化就是让图像的像素点矩阵中每个像素点的灰度值为 0（黑色）或者 255（白色），让整个图像呈现只有黑和白的效果。与图像的灰度化方法相似，图像二值化是通过选取合适的阈值（即临界值），实际上是基于图片亮度的一个黑白分界值。当将灰度或彩色图像转化为高对比度的黑白图像时，可以指定某个色阶作为阈值，所有比阈值亮的像素转换为白色，而所有比阈值暗的像素转换为黑色。阈值处理对确定图像的最亮和最暗区域很有用，进而求出每一个像素点的灰度值（0 或者 255），然后将灰度值为 0 的像素点的 RGB 设为（0，0，0），即黑色；将灰度值为 255 的像素点的 RGB 设为（255，255，255），即白色，最后得到二值图像。

在数字图像处理中，图像的二值化有利于图像的进一步处理，使图像变得简单，而且数据量减小，能凸显出感兴趣的目标轮廓。与灰度化相似，图像的二值化也有很多成熟的算法。它既可以采用全局阈值法，也可以采用自适应阈值法。图像二值化效果如图 7-20 所示。

（3）图像锐化　由于噪声、光照等外界环境或设备本身的原因，图像在生成、获取与传输的过程中，往往会发生质量的降低，因此在对图像进行边缘检测、图像分割等操作之前，一般都需要对原始数字图像进行增强处理。一方面是改善图像的视觉效果，另一方面也能提高边缘检测或图像分割的质量，突出图像的特征，便于计算机更有效地对图像进行识别和分析。

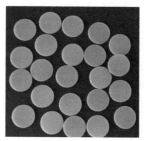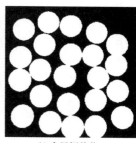

a）原图　　　　　　　　b）全局阈值化

图 7-20　图像二值化效果

图像锐化技术不考虑图像质量下降的原因，只将图像中的边界、轮廓有选择地突出，突出图像中的重要细节，以改善视觉质量，提高图像的可视度。锐化的作用是使灰度反差增强，因为边缘和轮廓都位于灰度突变的地方。图像的锐化与边缘检测很像，首先找到边缘，然后把边缘加到原来的图像上面，这样就强化了图像的边缘，使图像看起来更加锐利了（图 7-21）。

数字图像处理是进一步进行图像识别、分析和理解的基础。数字图像处理的常用方法除了以上介绍的灰度处理、图像二值化和图像锐化这三种基础方法之外，还有各种更加复杂的算法，可实现丰富的图像处理功能。例如，图像模糊算法可以去除图像上的噪声信号；图像分割算法可将图像的前景与背景分离；边缘检测算法可将图像中的边缘信息提取出来。

a）原图　　　　　　　　b）锐化后的图像

图 7-21　图像锐化效果

7.4　工业机器人视觉应用

随着国内制造业的快速发展，人们对产品检测和质量的要求不断提高，各行各业对图像和机器视觉技术的工业自动化需求将越来越大。在行业应用方面，主要有汽车制造、电子、半导体、食品饮料、物流、制药、包装、纺织、烟草、交通等行业，用机器视觉技术取代人工，可以提高生产效率和产品质量。例如，在物流行业，可以使用机器视觉技术进行快递的分拣分类，以减少物品的损坏率，提高分拣效率，减少人工劳动。

7.4.1 汽车领域

汽车行业是比较早应用机器视觉技术的行业之一，汽车在零部件生产、组装等各个环节有很高的要求，是一个高科技的行业，需要用到很多先进的自动化技术，以确保生产的进行。目前，汽车制造的很多环节都是使用自动化设备进行操作的，但为了确保每一个零部件的合格性，就需要可靠的技术进行检验。机器视觉是目前工业中公认的精确率最高的检测技术，具有自己独特的优势，所以，在汽车行业中被广泛应用。

机器视觉技术在汽车领域主要起到缺陷检测、尺寸测量、视觉引导定位等作用，目前已经用于汽车生产制造的各个环节，如汽车零部件的尺寸及外观质量检测，装配检测等，如图 7-22 所示。机器视觉的应用对于提升汽车的整体质量，提高效率有着重要意义，是汽车行业不可缺少的重要关键技术。

 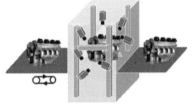

a) 发动机总成视觉检测　　　　　　b) 车灯外边缘及面差隙差检测

图 7-22　机器视觉在汽车领域的应用

1. 发动机总成视觉检测

对传送带上的发动机进行在线外观检测，包括漏装、错装、粗糙度、加工情况等多处检测。

2. 车灯外边缘及面差隙差检测

利用视觉非接触式测量车灯外边缘的三维坐标，与设计模型进行比对；提前计算车灯与车体总成后的隙差、面差。

7.4.2 电子及半导体领域

高性能、精密的专业设备制造领域中机器视觉的应用十分广泛，比较典型的是国际范围内最早带动整个机器视觉行业崛起的半导体行业，从上游晶圆加工制造的分类切割，到末端电路板印制、贴片，都依赖于高精度的视觉测量对运动部件的引导和定位。

在电子制造领域，小到电容、连接器等元器件，大到手机键盘、PC 主板、硬盘，在电子制造行业链条的各个环节，几乎都能看到机器视觉的身影。其中，3C 自动化设备应用最高，有 70% 的机器视觉单位应用在该环节，在实际应用中，机器视觉检测系统可以快速检测排线的顺序是否有误，电子元器件是否错装漏装，接插件及电池尺寸是否合规等，如图 7-23 所示。

具体来看，机器视觉在电子制造领域的应用主要是引导机器人进行高精度 PCB 定位和

SMT 元件放置，还有表面检测，主要应用在 PCB 印制电路、电子封装、丝网印刷、SMT 表面贴装、SPI 锡膏检测、回流焊和波峰焊等。

a) PC板芯片的高度和角度测量   b) 光学元件平行度测量

图 7-23 机器视觉在电子半导体领域的应用

7.4.3 食品和饮料领域

对于食品饮料生产制造企业而言，其生产自动化程度越来越高，对产品质量、生产效率的要求也越来越严格。采用机器视觉技术，可以实现稳定、连续、可靠的产品检测，克服人工检测易疲劳、个体差异、重复性差等缺点，可以帮助企业提升产品的质量水平，提高生产效率，降低生产成本。

食品和饮料行业中机器视觉技术的应用如图 7-24 所示。

a) 检查罐底的固体颗粒、污点   b) 高速拣选

图 7-24 机器视觉在食品和饮料行业中的应用

127

1）盒装食品外包装的检测。对盒装食品的外包装进行检测，包括外包装破损、标签有无、生产日期有无等检测。

2）透明瓶装饮料的液位及瓶盖缺损的检测。对透明瓶装饮料的液位进行检测，保障饮料灌装的一致性；对瓶盖包装进行检测，剔除漏装瓶盖、瓶盖歪斜等不良品。

3）易拉罐包装饮料、罐头食品等外形的检测。对易拉罐包装饮料、罐头食品等的拉环质量、生产日期有无、序列号等进行检测。

4）纸盒饮料外包装的检测。对纸盒饮料的外包装如吸管有无、插孔是否破损等进行检测。

5）整体包装的计数。对瓶装、盒装饮料等的整体包装进行计数，保证包装数量。

小　　结

　　机器人视觉就是通过视觉系统使机器人获取环境信息，从而指导机器人完成一系列动作和特定行为。工业机器人的视觉应用可以分成4类：引导、检测、测量和识别。典型的视觉系统一般包括相机、镜头、光源、图像处理单元或图像采集卡、图像处理软件、通信/输入输出单元、工业机器人外部设备等主要结构。对于一般的机器视觉系统，可以直接应用透镜成像理论来描述摄像机成像系统的几何投影模型。由机器视觉系统采集到的图像需要经过数字图像处理技术进一步处理，然后用于指导机器人系统的操作。

思　考　题

1. 工业机器人视觉功能包括哪四大类？
2. 请简述工业机器人视觉系统的基本组成部分。
3. 请画出机器视觉中常用的透视成像模型。
4. 什么是数字图像？如何表示？

第8章

Chapter

智能移动机器人

作为智能制造的一项关键技术，机器人的应用在最近几年取得了突飞猛进的发展。中国制造业的产业升级和技术创新，为机器人行业提供了一个良好的发展机遇。在工业应用场景中，随着机器人易用性、稳定性以及智能水平的不断提升，机器人的应用领域逐渐由搬运、焊接、装配等操作型任务向加工型任务拓展，具备自主移动功能的智能移动机器人正在成为工业机器人研发的重要方向。

8.1 智能机器人

8.1.1 智能机器人的概念及特点

到目前为止，在世界范围内还没有统一的智能机器人定义。1956 年，马文·明斯基对智能机器进行了定义："智能机器能够创建周围环境的抽象模型，一旦遇到问题，便能够从抽象模型中寻找解决方法。"该定义对此后 30 年智能机器人的研究方向产生了重要影响。

20. 智能机器人

在研究和开发作业于未知及不确定环境下的机器人的过程中，人们逐步认识到机器人技术的本质是感知、决策、行动和交互技术的结合，因此将具有感知、思考、决策和动作的技术系统统称为智能机器人。工业应用的智能机器人如图 8-1 所示。

智能机器人的特点具体体现在以下几方面：

（1）自主性　可在特定的环境中，不依赖任何外部控制，无需人为干预，完全自主地

a) 智能分拣机器人   b) 智能焊接机器人

图 8-1   工业智能机器人

执行特定的任务。

（2）适应性　实时识别和测量周围的物体，并根据环境的变化调节自身的参数，调整动作策略，处理紧急情况。

（3）交互性　机器人可以与人、外部环境及其他机器人进行信息交流。

（4）学习性　机器人在自主感知环境变化的基础上，可形成和进化出新的活动规则，自主独立地活动和处理问题。

（5）协同性　在实时交互的基础上，机器人可根据任务和需求实现机器人的相互协作及人机协同。

8.1.2　智能机器人的基本要素

多数专家认为，智能机器人需要具备以下三个要素：一是感知要素，用来认识周围环境的状态；二是决策要素，根据感知要素所得信息或自身需要来思考确定采用什么样的动作；三是行动要素，对外界做出反应性或自主性动作。在这三大要素基础上，智能机器人通过感知辅助产生决策，并将决策付诸行动，在复杂的环境下自主完成任务，形成各种智能行为。

1. 感知要素

感知要素包括能感知视觉、接近、距离的非接触型传感器和能感知力、压觉、触觉的接触型传感器，可通过摄像机、图像传感器、超声波传感器、激光器、导电橡胶、压电元件、气动元件、行程开关等机电元器件来实现。

2. 决策要素

决策要素是三个要素中的关键，是机器人必备的要素。决策要素包括判断、逻辑分析、理解等方面的智力活动。这些智力活动实质上是一个信息处理过程，而计算机则是完成这个处理过程的主要设备。

3. 行动要素

对于行动要素而言，智能机器人需要具有一个无轨道型的移动机构，以适应如平地、台阶、墙壁、楼梯、坡道等不同的地理环境。它们的功能可借助轮子、履带、支脚、吸盘、气垫等移动机构来完成。在运动过程中，要对移动机构进行实时控制，这种控制不仅包括位置控制，还包括力度控制、位置与力度混合控制、伸缩率控制等。

8.2　智能移动机器人

在工业应用场景中，随着机器人易用性、稳定性以及智能水平的不断提升，机器人的应用领域逐渐由搬运、焊接、装配等操作型任务向加工型任务拓展。智能移动机器人既能够完成移动搬运取料的任务，又能够根据需要承担具体工种的加工操作，在工业生产中具有广泛的应用空间。

8.2.1　智能移动机器人的概念及分类

1. 概念

智能移动机器人是一类能够通过传感器来感知环境和自身状态，以实现在有障碍物的环境中面向目标自主运动，并完成一定作业功能的智能机器人系统。智能移动机器人既可以按照人类指令运行，又可以根据程序自动运行。智能移动机器人具备自主移动功能，在代替人类从事危险、恶劣环境下作业和人所不及的（如宇宙空间、水下等）环境作业方面，比一般机器人有更大的机动性、灵活性。

智能移动机器人在工业生产中有广泛的应用。在3C电子、医疗、日化品、机加工等传统制造业的零部件组装环节，智能移动机器人可用于物料搬运、上下料、物料分拣等作业，以满足车间全自动化智能生产需求。

2. 分类

智能移动机器人可以按照不同的标准分类。

1）根据移动方式来分，可分为轮式移动机器人、履带式移动机器人（图8-2）、步行移动机器人（见图8-3）、爬行机器人、蠕动式机器人和游动式机器人等类型。

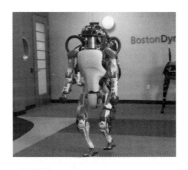

图8-2　履带式移动机器人　　　　图8-3　步行移动机器人 Atlas

2）根据工作环境来分，可分为室内移动机器人和室外移动机器人。

3）根据控制体系结构来分，可分为功能式（水平式）结构机器人、行为式（垂直式）结构机器人和混合式机器人。

4）根据功能和用途来分，可分为工业机器人、医疗机器人、军用机器人、助残机器人、清洁机器人等。

8.2.2 智能移动机器人的发展历程

1. 国外发展概况

（1）概念期 智能移动机器人的研究可以追溯到 20 世纪 60 年代。1968 年，斯坦福大学研究所成功地研制了自主移动机器人 Shakey，如图 8-4 所示。它能够在复杂环境下实现对象识别、自主推理、路径规划及控制等功能。1979 年，斯坦福大学研究所开发的自主移动机器人 Stanford Cart 成功地穿过了一个布满障碍物的房间。

（2）萌芽期 1993 年，卡内基梅隆大学的步行机器人 Dante Ⅰ 和 Dante Ⅱ（图 8-5）用于探索活火山。1997 年，美国国家航空航天局将火星车 Sojourner 送到火星。Sojourner 配备了智能避障系统，能够在未知的火星地形上自主移动。

图 8-4 自主移动机器人 Shakey　　　图 8-5 步行机器人 Dante Ⅱ

（3）发展期 2002 年，iRobot 公司推出了吸尘器机器人 Roomba，它能避开障碍自动设计行进路线，还能在电量不足时自动驶向充电座。

2014 年，Fetch 机器人公司推出的智能移动机器人具有 7 自由度手臂和局部视觉系统，可实现在货架间移动取货，如图 8-6 所示。

2016 年，KUKA 公司推出了 KMR iiwa 系列机器人，其采用了库卡协作机器人加 Swisslog 移动底盘的结构，具备激光 SLAM 导航功能，可实现一体化控制，如图 8-7 所示。

图 8-6 智能移动机器人 Fetch　　　图 8-7 智能移动机器人 KMR iiwa

2. 国内发展概况

我国移动机器人是从"八五"期间开始这方面研究的。与世界主要机器人大国相比，尽管我国在移动机器人的研究起步比较晚，但是发展却是很迅速的，如新松、大族、海通等都相继推出了自己的智能移动机器人。

2015 年，新松公司首次推出了智能移动机器人，在结构上包括两部分：智能移动平台和机器人，可实现无人自动上下料，如图 8-8 所示。

大族机器人公司推出的智能移动机器人，采用激光 SLAM 和磁带混合导航，外加视觉系统，如图 8-9 所示。

图 8-8　新松智能移动机器人　　　　图 8-9　大族智能移动机器人

青岛海通公司推出的智能移动机器人采用了智能移动平台加 SCARA 工业机器人的结构，加载了自主研发的控制导航系统、视觉定位及识别系统，如图 8-10 所示。

哈工海渡自主开发的智能移动机器人采用了智能移动平台加 SCARA 协作机器人的结构，具有移动导航、激光/视觉 SLAM 同步定位与建图、路径规划、避障等功能，如图 8-11 所示。

图 8-10　海通智能移动机器人　　　　图 8-11　哈工海渡智能移动机器人

8.2.3　智能移动机器人的结构组成

在工业生产应用中，智能移动机器人的常见结构为智能移动平台加工业机器人，如图 8-12

所示。智能移动平台，又称为 AGV（Automated Guided Vehicle）或自动导引运输车，实现了机器人的移动，类似于人腿脚的行走功能；通用工业机器人又称机械臂或机械手，主要是替代人胳膊的抓取功能。智能移动机器人手脚并用，将两种功能组合在一起。

1 工业机器人

2 智能移动平台
(AGV)

图 8-12　智能移动机器人的结构组成

随着工厂内部制造复杂程度的日益上升，对自动化设备柔性化的需求也更加迫切。与 AGV 和机械臂的单一功能相比，智能移动机器人集合了两者特性，显然更具柔性化。在实际应用中，智能移动机器人可实现搬运、上下料等基本功能，以及不同工艺装备、夹具的快速切换和物料的智能分拣。与单一的 AGV 相比，智能移动机器人还可以采用机器人视觉定位技术进行二次定位，定位精度较高。

8.3　智能移动平台

8.3.1　智能移动平台的概念及特点

1. 概念

智能移动平台 AGV 意即"自动导引运输车"。AGV 是装备有电磁或光学等自动导引装置，能够沿规定的导引路径行驶，具有安全保护以及各种移载功能的运输车，如图 8-13 所示。

21. 智能移动平台

最早的无人搬运车运用在汽车行业中，1913 年美国福特汽车公司将自动搬运车用到汽车底盘装配上，当时的无人搬运车是有轨道导引的（现在称为 RGV，即 Rail Guided Vehicle）。自 20 世纪 60 年代起，随着计算机技术的进步，AGV 得到迅速发展，AGV 的使用数量和生产厂家数量都有了大幅的增长。

国内的 AGV 研究起步较晚，1976 年北京起重机械研究所研制了我国第一台 AGV。1988 年，原邮电部北京邮政科学技术研究所研制了邮政枢纽 AGV。1991 年起，中科

a) HRG AGV

b) 博众 AGV

图 8-13　智能移动平台 AGV

院沈阳自动化研究所/新松机器人自动化股份有限公司研制了客车装配 AGV。1992 年，天津理工学院研制了核电站用光学导引 AGV。目前，AGV 已经成熟渗透到电商快递仓储分拣、汽车、医药、食品、化工、印刷、3C 电子、邮局、图书馆、港口码头和机场、危险场所、特种行业以及各类型的制造业中。

2. 特点

AGV 以轮式移动为主要特征，与步行、爬行或其他非轮式的移动机器人相比具有行动快捷、工作效率高、结构简单、可控性强、安全性好等优势。与物料输送中常用的其他设备相比，AGV 的活动区域无需铺设轨道、支座架等固定装置，不受场地、道路和空间的限制。因此，在自动化物流系统中，最能充分地体现其自动性和柔性，实现高效、经济、灵活的自动化生产。

AGV 的主要特点如下：

1）高度自动化。AGV 一般由计算机、电控设备或激光反射板等控制，自动化程度高。当车间某一环节需要辅料时，由工作人员向计算机终端输入相关信息，计算机终端再将信息发送到 AGV，AGV 接收并执行指令将辅料送至相应地点。

2）充电便捷。当 AGV 小车的电量即将耗尽时，它会向系统发出请求指令请求充电，在系统允许后自动到充电的地方"排队"充电。

3）移动方便。AGV 小车的体积一般不大，可以在各个生产车间方便地移动。

8.3.2　AGV 控制系统的组成

AGV 控制系统通常包括地面控制系统和车载控制系统两部分（图 8-14）。通常，由地面控制系统发出控制指令，经通信系统输入车载控制系统控制 AGV 运行。

AGV 地面控制系统是 AGV 系统的核心。其主要功能是对 AGV 系统（AGVS）中的多台 AGV 单机进行任务管理、车辆管理、交通管理、通信管理等。

（1）任务管理　任务管理是指提供根据任务优先级和启动时间的调度运行，提供对任务的各种操作，如启动、停止、取消等。

（2）车辆管理　车辆管理是 AGV 管理的核心模块，它根据物料搬运任务的请求来分配调度 AGV 执行任务，根据 AGV 行走时间最短原则来计算 AGV 的最短行走路径，并控制指挥 AGV 的行走过程，及时下达装卸货和充电命令。

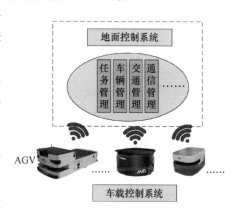

图 8-14　AGV 控制系统的组成

（3）交通管理　根据 AGV 的物理尺寸大小、运行状态和路径状况，提供 AGV 互相自动避让的措施，同时避免车辆互相等待而发生死锁的情况。

（4）通信管理　通信管理提供 AGV 地面控制系统与 AGV 单机、地面监控系统、地面 IO 设备、车辆仿真系统及上位计算机的通信功能。

AGV 车载控制系统，即 AGV 单机控制系统，在收到上位系统的指令后，负责 AGV 单机的导航、导引、路径选择、车辆驱动、装卸操作等功能。

（1）导航　AGV 单机通过自身装备的导航器件来测量并计算出所在全局坐标系中的位置和航向。

（2）导引　AGV 单机根据当前的位置、航向及预先设定的理论轨迹来计算下个周期的速度值和转向角度值，即 AGV 运动的命令值。

（3）路径选择　AGV 单机根据地面控制系统的指令，通过计算预先选择即将运行的路径，并将结果报送给地面控制系统，能否运行由地面控制系统根据其他 AGV 所在的位置统一调配。

（4）车辆驱动　AGV 单机根据导引的计算结果和路径选择信息，通过伺服器件来控制车辆运行。

8.3.3　导航导引技术

导航导引技术是 AGV 的一项核心技术之一。它是指移动机器人通过传感器来感知环境信息和自身状态，以实现在有障碍的环境中面向目标的自主运动。目前，移动机器人主要的导航导引方式包括电磁导引、磁带导引、色带导引、二维码导引、惯性导航、GPS 导航、激光导航、自然导航和视觉导航等，如图 8-15 所示。

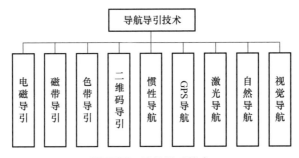

图 8-15　导航导引技术

1. 电磁导引

电磁导引是比较传统的导引方式，其实现形式是在自动导引车的行驶路径上埋设金属线，并在金属线上加载低频、低压电流，产生磁场，通过车载电磁传感器对导引磁场强弱的识别和跟踪来实现导航，如图 8-16 所示。

2. 磁带导引

磁带导引与电磁导引的原理较为相近，也是在自动导引车的行驶路径上铺设磁带，通过车载电磁传感器对磁场信号的识别来实现导引，如图 8-17 所示。

图 8-16　电磁导引

图 8-17　磁带导引

3. 色带导引

色带导引是在自动导引车的行驶路径上设置光学标志（粘贴色带或涂漆），通过车载的光学传感器采集图像信号识别来实现导引的方法，如图 8-18 所示。

4. 二维码导引

二维码导引的原理是自动导引小车通过摄像头扫描地面 QR 二维码，并解析二维码信息从而获取当前的位置信息。二维码导引通常与惯性导航相结合，实现精准定位。

5. 惯性导航

惯性导航是使用陀螺仪和加速度计分别测量移动机器人的方位角和加速率，从而确定当前的位置，根据已知地图路线来控制移动机器人的运动方向，以实现自主导航。

6. GPS 导航

GPS 导航是通过车载 GPS 传感器来获取位置和航向信息以实现导航的方法，适合室外全局导航与定位。

7. 激光导航

激光导航是在 AGV 行驶路径的周围安装位置精确的激光反射板，AGV 通过激光扫描器发射激光束，同时采集由反射板反射的激光束，来确定其当前的位置和航向，如图 8-19 所示。

图 8-18 色带导引

图 8-19 激光导航

8. 自然导航

自然导航是激光导航的一种，也是通过激光传感器来感知周围环境，不同的是激光导航（反射板）的定位标志为反射板或反光柱，而自然导航定位的标志物为工作环境中的墙面等信息，不需要依赖反射板。相比于传统的激光导航，自然导航的施工成本与周期都较低。

自然导航可以构建局部地图，并与其内部事先存储的完整地图进行匹配，以确定自身位置，如图 8-20 所示。构建好地图后，AGV 根据预先规划的一条全局路线，采用路径跟踪和避障技术，可实现自主导航。

9. 视觉导航

视觉导航主要是通过摄像头对障碍物和路标信息进行拍摄，以获取图像信息，然后对图像信息进行探测和识别实现导航。AGV 各种导航方式的比较见表 8-1。

a) AGV 小车实际场景　　　　　　　　　　b) AGV 构建的场景地图

图 8-20　自然导航地图的构建

表 8-1　AGV 各种导航方式的比较

导航导引方式	单机成本	地面施工规模	维护成本	抗磁性	灵活性	技术成熟度
电磁导引	低	大	较低	否	最弱	成熟
磁带导引	低	大	较高	否	弱	成熟
色带导引	低	较大	较高	是	弱	成熟
二维码导引	低	较大	较高	否	弱	成熟
惯性导航	低	小	低	是	弱	成熟
GPS 导航	低	小	低	否	强	成熟
激光导航	高	较小	低	是	强	成熟
自然导航	高	小	低	是	强	成熟
视觉导航	较低	小	低	是	强	一般

8.4　协作机器人

智能移动机器人包括两个组成部分：智能移动平台和机器人。传统的工业机器人必须远离人类，并设置保护围栏或者其他屏障，以避免人类受到伤害。而智能移动机器人需要能够在一定范围内灵活移动，并与人类共同合作完成工作，因此，智能移动机器人的机器人部分通常采用能够与人类近距离互动的协作机器人。

8.4.1　协作机器人的概念及特点

协作机器人（collaborative robot，简称 cobot 或 co-robot），是为了与人直接交互而设计的机器人，即一种被设计成能与人类在共同工作空间中进行近距离互动的机器人。

传统工业机器人是在安全围栏或其他保护措施之下，来完成如焊接、喷涂、搬运、码垛、抛光打磨等高精度、高速度的操作。而协作机器人打破了传统的全手动和全自动的生产模式，能够直接与操作人员在同一条生产线上工作，却不需要使用安全围栏与人隔离，如图 8-21 所示。

协作机器人的主要特点有：

（1）轻量化 使机器人更易于控制，提高安全性。

（2）友好性 保证机器人的表面和关节是光滑且平整的，无尖锐的转角或者易夹伤操作人员的缝隙。

（3）部署灵活 机身能够缩小到可放置在工作台上的尺寸，可安装在任何地方。

（4）感知能力 感知周围的环境，并根据环境变化来改变自身的动作行为。

（5）人机协作 具有敏感的力反馈特性，当达到已设定的力时会立即停止，在风险评估后可不需要安装保护栏，使人和机器人能协同工作。

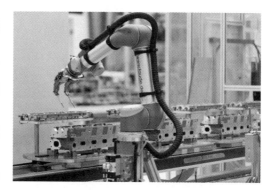

图 8-21 协作机器人在没有
防护围栏的环境下工作

（6）编程方便 对于一些普通操作者和非技术背景的人员来说，都非常容易进行编程与调试。

（7）使用成本低 基本上不需要维护保养的成本投入，机器人本体功耗较低。

协作机器人与传统工业机器人的特点对比见表8-2。

表 8-2 协作机器人与传统工业机器人的特点对比

	协作机器人	传统工业机器人
目标市场	中小企业、适应柔性化生产要求的企业	大规模生产企业
生产模式	个性化、中小批量的小型生产线或人机混线的半自动场合	单一品种、大批量、周期性强、高节拍的全自动生产线
工业环境	可移动并可与人协作	固定安装且与人隔离
操作环境	编程简单直观、可拖动示教	专业人员编程、机器示教再现
常用领域	精密装配、检测、抛光打磨等	焊接、喷涂、搬运、码垛等

协作机器人只是整个工业机器人产业链中一个非常重要的细分类别，有它独特的优势，但缺点也很明显：

（1）速度慢 为了控制力和碰撞能力，协作机器人的运行速度比较慢，通常只有传统工业机器人运行速度的 1/3 ~ 1/2。

（2）精度低 为了减小机器人运动时的动能，协作机器人的重量一般比较轻，结构相对简单，这就造成了整个机器人的刚性不足，定位精度相比传统机器人差 1 个数量级。

（3）负载小 低自重、低能量的要求，导致协作机器人的体型都很小，负载一般在 10kg 以下，工作范围只与人的手臂相当，很多场合无法使用。

8.4.2 协作机器人的行业应用

随着工业的发展，多品种、小批量、定制化的工业生产方式成为趋势，对生产线的柔性提出了更高的要求。在自动化程度较高的行业，基本的模式为人与专机相互配合，机器人主要完成识别、判断、上下料、插拔、打磨、喷涂、点胶、焊接等需要一定智能但又枯燥单调重复的工作，人成为进一步提升品质和提高效率的瓶颈。协作机器人由于具有良好的安全性和一定的智能性，可以很好地替代操作工人，形成"协作机器人加专机"的生产模式，从而实现工位的自动化。

由于协作机器人固有的安全性，如力反馈和碰撞检测等功能，人与协作机器人并肩合作的安全性将得以保证，因此被广泛应用在汽车零部件、3C电子、金属机械、五金卫浴、食品饮料、注塑化工、医疗制药、物流仓储、科研、服务等行业。

（1）汽车行业　工业机器人已在汽车和运输设备制造业中应用多年，主要在防护栏后面执行喷漆和焊接操作。而协作机器人则更喜欢在车间内与人类一起工作，能为汽车应用中的诸多生产阶段增加价值，如拾取部件并将部件放置到生产线或夹具、压装塑料部件以及操控检查站等，可用于螺钉固定、装配组装、帖标签、机床上下料、物料检测、抛光打磨等环节，如图8-22所示。

（2）3C行业　3C行业具有元件精密和生产线更换频繁两大特点，一直以来都面临着自动化效率方面的挑战，而协作机器人擅长在上述环境中工作，可用于金属锻造、检测、组装以及研磨工作站中，实现许多电子部件制造任务的自动化处理所需要的软接触和高灵活性，如图8-23所示。

图8-22　汽车行业应用

图8-23　3C行业应用

（3）食品行业　食品行业容易受到季节性活动的影响，高峰期间劳动力频繁增减十分常见，而这段时间内往往很难雇到合适的人手，得益于协作机器人使用的灵活性，协作机器人有助于满足三班倒和季节性劳动力供应的需求，并可用于多条不同的生产线，如包装箱体、装卸生产线、协助检查等，如图8-24所示。

（4）塑料行业　塑料设备的部件和材料普遍较轻，此行业非常适合使用协作机器人。在塑料行业，协作机器人可以用来装卸注塑机，配套塑料家具组件，将成品部件进行吸塑包装或进行密封容器装运，如图8-25所示。

（5）金属加工行业　金属加工环境是人类最具挑战性的环境之一，酷热、巨大的噪声和难闻的气味司空见惯。该行业中一些最艰巨的工作最适合协作机器人。无论操控折弯机或其他机器，装卸生产线或固定装置，抑或是处理原材料和成品部件，协作机器人都能够在金属加工领域大展身手，如图8-26所示。

（6）医疗行业　协作机器人可在制药与生命科学行业领域执行多种工作任务，从医疗器械和植入物包装，到协助手术的进行。协作机器人的机械手臂可用于混合、计数、分配和检查，从而为行业关键产品提供一致的结果。它们也可用于无菌处理，以及假肢、植入物和医疗设备的小型、易碎部件的组装中。如图 8-27 所示为协作机器人进行血液分析的作业任务。

图 8-24 食品行业应用

图 8-25 塑料行业应用

图 8-26 金属加工行业应用

图 8-27 医疗行业应用

小 结

具有感知、思考、决策和动作的技术系统统称为智能机器人。智能移动机器人既能够完成移动搬运取料的任务，又能够根据需要承担具体工种的加工操作，在工业生产中具有广泛的应用空间。在工业生产应用中，智能移动机器人的常见结构为智能移动平台 AGV 加工业机器人。智能移动机器人需要能够在一定范围内灵活移动，并与人类共同合作完成工作，因此，智能移动机器人的机器人部分通常采用能够与人类近距离互动的协作机器人。

思 考 题

1. 智能机器人的基本要素是什么？协作机器人的定义是什么？
2. 智能移动机器人的特点是什么？
3. 智能移动机器人在结构上包括哪几个组成部分？
4. 智能移动平台 AGV 在结构上包括哪几个部分？

第9章

Chapter

智能制造虚拟仿真技术

虚拟仿真（Virtual Simulation）技术，或称为"模拟技术"，就是一种用虚拟的计算机系统模仿真实系统的技术。随着智能制造等先进制造技术的发展，虚拟仿真技术已经被一些大型企业应用到工业生产的各个环节，对企业提高开发效率，加强数据采集、分析、处理能力，减少决策失误起到了重要的作用。虚拟仿真技术的引入，将使工业设计的手段和思想发生质的飞跃，对实现"中国制造2025"的战略目标具有重要的意义。

 9.1 工业机器人离线编程技术简介

机器人是先进制造业的重要支撑装备，也是未来智能制造业的关键切入点，工业机器人作为机器人家族中的重要一员，是目前技术最成熟、应用最广泛的一类机器人。机器人目前常用的编程方式有两种：一种是示教编程，一种是离线编程。离线编程因为具有精度高、能处理复杂装配操作等优点，在智能制造中的应用日趋广泛。

22. 工业机器人
离线编程技术

9.1.1 工业机器人离线编程概念

工业机器人离线编程是指操作人员在编程软件里构建整个机器人系统工作应用场景的三维虚拟环境，然后根据加工工艺、生产节拍等相关要求，进行一系列控制和操作，自动生成机器人的运动轨迹，即控制指令，然后在软件中仿真与调整轨迹，最后生成机器人执行程序传输给机器人控制系统。

工业机器人离线编程具有以下几种优势。

1）缩短机器人停机的时间，当对下一个任务进行编程时，机器人可仍在生产线上工作。

2）使编程者远离危险的工作环境，改善了编程环境。

3）离线编程系统使用范围广，并且可以便捷地优化程序。

4）可以通过仿真预知将要发生的问题，从而及时将问题解决，减少损失。

5）可对复杂任务进行编程，离线编程软件能够基于 CAD 模型中的几何特征（如关键点、轮廓线、平面、曲面等）自动生成轨迹。

6）直观地观察机器人的工作过程，判断包括超程、碰撞、奇异点、超工作空间等错误。

9.1.2　工业机器人离线编程软件

目前，工业机器人离线编程与仿真软件可分为两类：通用型与专用型。其中，通用型离线编程软件是第三方公司开发的，适用于多种品牌机器人，能够实现仿真、轨迹编程和程序输出，但兼容性不够。专用型离线编程软件是机器人厂商或委托第三方公司开发的，其特点是只能适用于其对应型号的机器人，即只支持同品牌的机器人，优点是软件功能更强大、实用性更强，与机器人本体的兼容性也更好，如 ROBOGUIDE、RobotStudio 等。

1. ROBOGUIDE

ROBOGUIDE 是上海发那科机器人公司提供的一个仿真软件，它围绕一个离线的三维世界进行模拟，在这个三维世界中模拟现实中的机器人和周边设备的布局，通过其中的 TP 示教，进一步来模拟它的运动轨迹。通过这样的模拟，可以验证方案的可行性同时获得准确的周期时间。ROBOGUIDE 的仿真环境画面是传统的 Windows 画面，由菜单栏、工具栏和状态栏等组成，如图 9-1 所示。

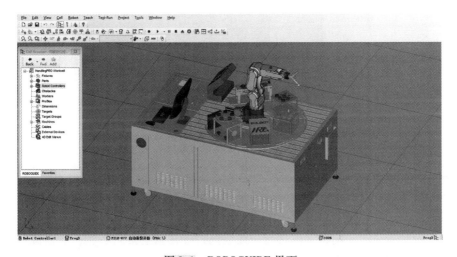

图 9-1　ROBOGUIDE 界面

ROBOGUIDE 是一款核心应用软件，具体的还包括搬运、弧焊、喷涂和点焊等模块。使用 ROBOGUIDE 进行工业机器人实训站和焊接工作站仿真的示例如图 9-2、图 9-3 所示。

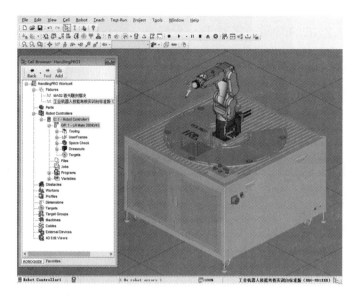

图 9-2　ROBOGUIDE 工业机器人实训站仿真

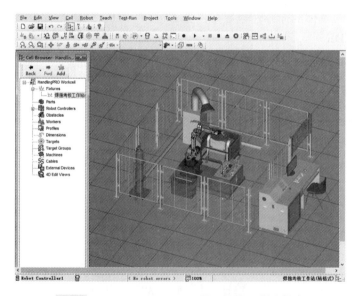

图 9-3　ROBOGUIDE 工业机器人焊接工作站仿真

2. RobotStudio

RobotStudio 是一款 PC 应用程序,用于机器人单元的建模、离线创建和仿真,如图 9-4 所示。RobotStudio 允许用户使用离线控制器,还允许用户使用真实的物理控制器。当 Robot-Studio 随真实控制器一起使用时,称它处于在线模式。在未连接到真实控制器或在连接到虚拟控制器的情况下使用时,称它处于离线模式。

与 ROBOGUIDE 类似,RobotStudio 也包括了搬运、弧焊、喷涂和点焊等模块。使用 RobotStudio 进行工业机器人实训站和喷涂工作站仿真的示例如图 9-5 和图 9-6 所示。

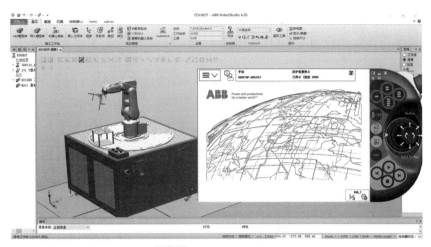

图 9-4　RobotStudio 界面

图 9-5　RobotStudio 工业机器人实训站仿真

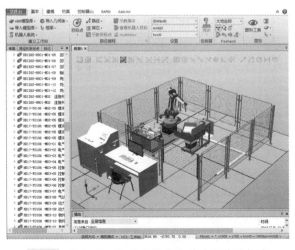

图 9-6　RobotStudio 工业机器人喷涂工作站仿真

9.1.3 工业机器人离线编程应用领域

工业机器人离线编程技术广泛地应用在工业的各个环节，对企业提高开发效率，加强数据采集，减少决策失误，降低企业风险起到了重要的作用。工业机器人离线编程技术发展至今，已经可以通过虚拟仿真实现自动化领域内的多种复杂作业，如搬运、焊接、喷涂、码垛、打磨等。

1. 搬运

搬运作业是指用一种设备握持工件，从一个加工位置移动到另一个加工位置。搬运机器人可安装不同的末端执行器以完成各种不同形状和状态的工件搬运，广泛应用于机床上下料、自动装配流水线、码垛搬运、集装箱等自动搬运，如图9-7所示。

2. 焊接

目前在工业领域应用最广的是机器人焊接，如工程机械、汽车制造、电力建设等。焊接机器人能在恶劣的环境下连续工作并能提供稳定的焊接质量，提高工作效率，减轻工人的劳动强度，如图9-8所示。

图9-7 搬运作业

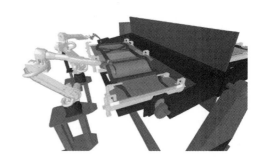

图9-8 焊接作业

3. 喷涂

喷涂机器人适用于生产量大、产品型号多、表面形状不规则的工件外表涂装，广泛应用于汽车、汽车零配件、铁路、家电、建材和机械等行业，如图9-9所示。

4. 打磨

打磨机器人主要用于工件的表面打磨、棱角去毛刺、焊缝打磨（图9-10）、内腔内孔去毛刺、孔口螺纹口加工等工作，广泛应用于3C、卫浴五金、IT、汽车零部件、工业零件、医疗器械、木材建材家具制造、民用产品等行业。

图9-9 喷涂作业

图9-10 打磨作业

9.2　ROBOGUIDE 编程实例

本节以基础实训模块为例，介绍 ROBOGUIDE 虚拟仿真的基础应用，任务是示教一段简单的运行轨迹并仿真演示。要完成本实训仿真，需要进行 4 个部分的操作：基础实训工作站搭建、坐标系创建、基础路径创建、仿真程序运行。

不同版本的 ROBOGUIDE 仿真软件，其操作界面略有不同。本书中所使用的软件版本为 V8.30，机器人工作台、实训模块、Y 型夹具、搬运工件等模型文件均可在工业机器人教育网站（http://www.irobot-edu.com）的社区下载，如图 9-11 和图 9-12 所示。

23. ROBOGUIDE
编程实例

图 9-11　工业机器人教育网

- ROBOGUIDE安装包
- HRG-HD1XKA工业机器人技能考核实训台（专业版）.igs
- MA01 基础模块.igs
- MA02 激光雕刻模块.igs
- MA04 搬运模块.igs
- MA05 异步输送带模块.igs
- MA15 伺服转盘模块.igs
- V型夹具.igs
- 搬运工件.igs

图 9-12　文件列表

9.2.1　路径规划

基础实训仿真使用基础模块，以模块中的方形和 S 形曲线为例，演示机器人的直线运动。机器人的程序流程及轨迹规划如图 9-13 所示。

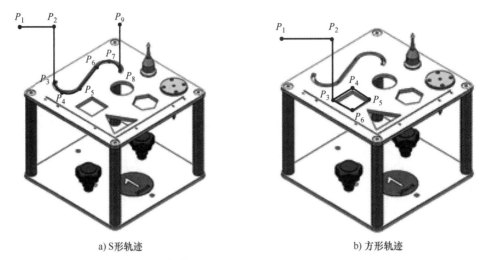

a) S形轨迹   b) 方形轨迹

图 9-13   程序运行流程及轨迹规划

9.2.2   基础实训工作站搭建

为完成仿真任务,用户首先需要将涉及的通用机械模型加载到工作站中对应位置,基础实训工作站的搭建包括以下内容:

1) 创建新的工作单元。

2) 实训平台的导入。

3) 机器人,本体的安装。

4) 工具的导入及安装。

5) 基础实训模块的导入及安装。

1. 创建新的工作站

要想实现仿真任务,用户首先需要搭建一个工作站并完成相关配置。打开 ROBOGUIDE 后,新建一个工作站,详细操作步骤见表 9-1。

表 9-1   工作单元建立步骤

序号	图片示例	操作步骤
1		打开 ROBOGUIDE 软件,单击菜单栏上的"File"→"New Cell",新建"Cell"工作站

（续）

序号	图 片 示 例	操 作 步 骤
2	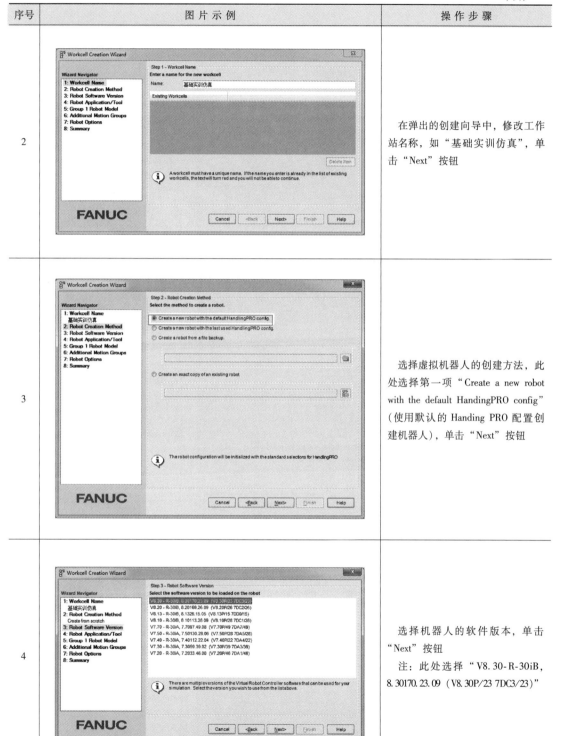	在弹出的创建向导中，修改工作站名称，如"基础实训仿真"，单击"Next"按钮
3		选择虚拟机器人的创建方法，此处选择第一项"Create a new robot with the default HandingPRO config"（使用默认的 Handing PRO 配置创建机器人），单击"Next"按钮
4		选择机器人的软件版本，单击"Next"按钮 注：此处选择"V8.30-R-30iB，8.30170.23.09（V8.30P/23 7DC3/23）"

智能制造与机器人应用技术

（续）

序号	图片示例	操 作 步 骤
5		选择合适的应用软件工具包"HandingTool（H552）"（搬运工具），单击"Next"按钮
6		选择"LR Mate 200iD/4S"型机器人。单击"Next"按钮
7		选择添加外部群组，此处不做选择，单击"Next"按钮

（续）

序号	图 片 示 例	操 作 步 骤
8	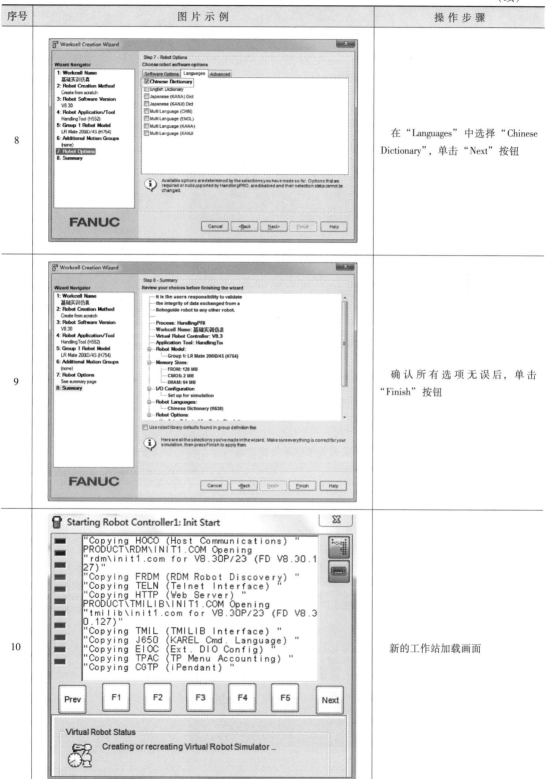	在 "Languages" 中选择 "Chinese Dictionary"，单击 "Next" 按钮
9		确认所有选项无误后，单击 "Finish" 按钮
10		新的工作站加载画面

（续）

序号	图片示例	操作步骤
11	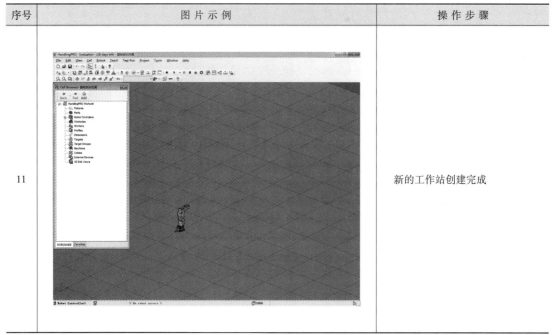	新的工作站创建完成

2. 实训平台的导入

本章所涉及的机器人和实训模块都要安装在 HD1XKA 工业机器人技能考核实训台（专业版）上，因此需要先安装实训台。具体操作步骤见表 9-2。

表 9-2　工业机器人技能考核实训台（专业版）导入步骤

序号	图片示例	操作步骤
1		在软件画面最左侧找到 "Cell Browser" 菜单。右键单击菜单中的 "Fixtures"，选择 "Add Fixture"，接着在级联菜单中选择 "Single CAD File"

（续）

序号	图 片 示 例	操 作 步 骤
2	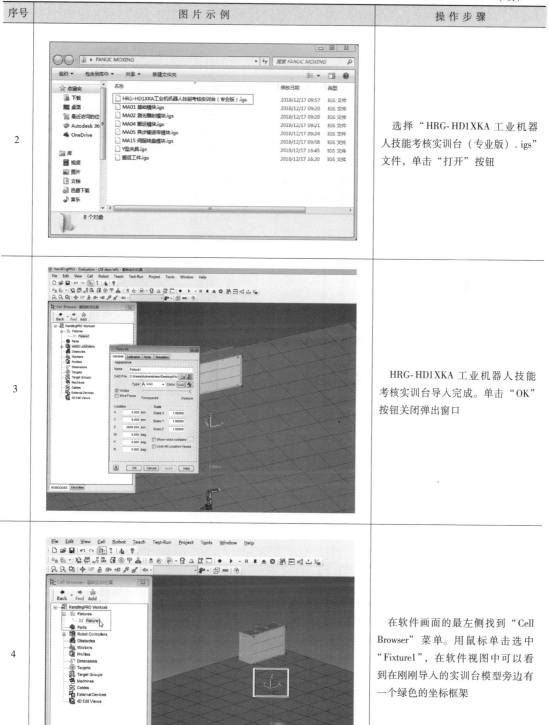	选择"HRG-HD1XKA 工业机器人技能考核实训台（专业版）.igs"文件，单击"打开"按钮
3		HRG-HD1XKA 工业机器人技能考核实训台导入完成。单击"OK"按钮关闭弹出窗口
4		在软件画面的最左侧找到"Cell Browser"菜单。用鼠标单击选中"Fixture1"，在软件视图中可以看到在刚刚导入的实训台模型旁边有一个绿色的坐标框架

（续）

序号	图 片 示 例	操 作 步 骤
5	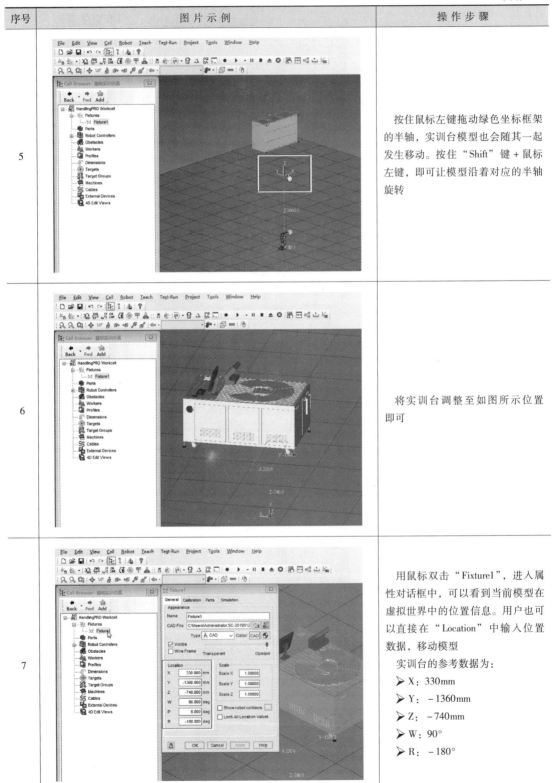	按住鼠标左键拖动绿色坐标框架的半轴，实训台模型也会随其一起发生移动。按住"Shift"键＋鼠标左键，即可让模型沿着对应的半轴旋转
6		将实训台调整至如图所示位置即可
7		用鼠标双击"Fixture1"，进入属性对话框中，可以看到当前模型在虚拟世界中的位置信息。用户也可以直接在"Location"中输入位置数据，移动模型 实训台的参考数据为： ➢ X：330mm ➢ Y：－1360mm ➢ Z：－740mm ➢ W：90° ➢ R：－180°

（续）

序号	图 片 示 例	操 作 步 骤
8	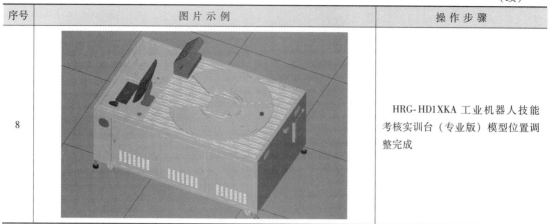	HRG-HD1XKA 工业机器人技能考核实训台（专业版）模型位置调整完成

3. 机器人本体的安装

由于机器人的当前位置与实训台位置不符合编程要求，因此需要改变机器人的当前位置。详细的操作步骤见表9-3。

表9-3　机器人本体的安装步骤

序号	图 片 示 例	操 作 步 骤
1	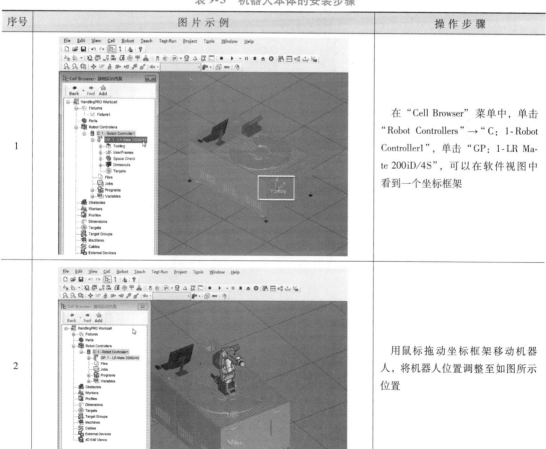	在"Cell Browser"菜单中，单击"Robot Controllers"→"C：1-Robot Controller1"，单击"GP：1-LR Mate 200iD/4S"，可以在软件视图中看到一个坐标框架
2		用鼠标拖动坐标框架移动机器人，将机器人位置调整至如图所示位置

（续）

序号	图片示例	操作步骤
3		用鼠标双击"GP：1-LR Mate 200iD/4S"，进入属性对话框中，可以看到当前机器人在虚拟世界中的位置信息。用户也可直接在"Location"中输入位置数据，移动机器人的参考数据为： ➢ X：−100mm ➢ Y：−5mm ➢ Z：815mm
4		机器人安装完成

4. 工具的导入及安装

工具添加与 TCP 设置步骤见表 9-4。

表 9-4　Y 型夹具的导入及安装步骤

序号	图片示例	操作步骤
1		① 打开"GP：1-LR Mate 200iD/4S"→"Tooling"，双击"UT：1（Eoat1）"，打开工具属性窗口 ② 选择"General"选项，单击打开"CAD File"右侧的文件夹图标选项

（续）

序号	图 片 示 例	操 作 步 骤
2	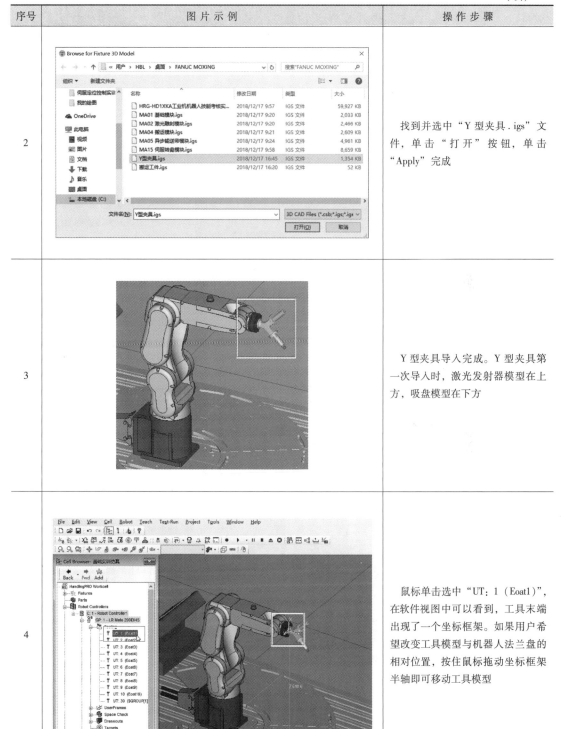	找到并选中"Y 型夹具 . igs"文件，单击"打开"按钮，单击"Apply"完成
3		Y 型夹具导入完成。Y 型夹具第一次导入时，激光发射器模型在上方，吸盘模型在下方
4		鼠标单击选中"UT：1（Eoat1）"，在软件视图中可以看到，工具末端出现了一个坐标框架。如果用户希望改变工具模型与机器人法兰盘的相对位置，按住鼠标拖动坐标框架半轴即可移动工具模型

（续）

序号	图片示例	操作步骤
5	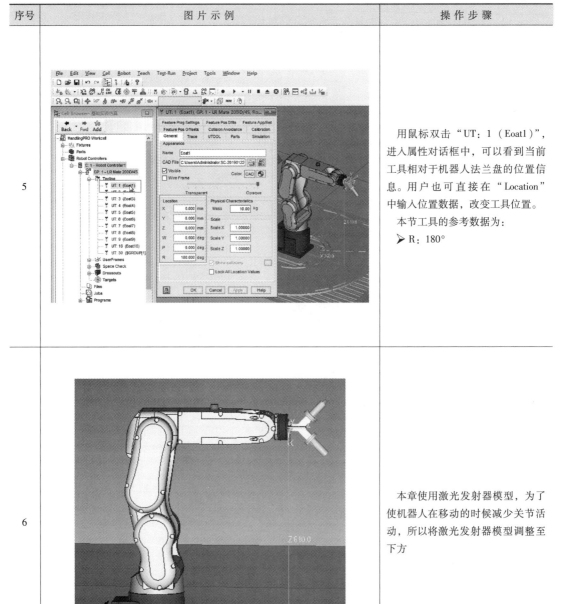	用鼠标双击"UT：1（Eoat1）"，进入属性对话框中，可以看到当前工具相对于机器人法兰盘的位置信息。用户也可直接在"Location"中输入位置数据，改变工具位置。 本节工具的参考数据为： ➤ R：180°
6		本章使用激光发射器模型，为了使机器人在移动的时候减少关节活动，所以将激光发射器模型调整至下方

5. 基础实训模块的导入及安装

要实现仿真任务要求，还需导入基础实训模块。导入基础实训模块的操作步骤见表9-5。

表 9-5　基础实训模块导入步骤

序号	图 片 示 例	操 作 步 骤
1	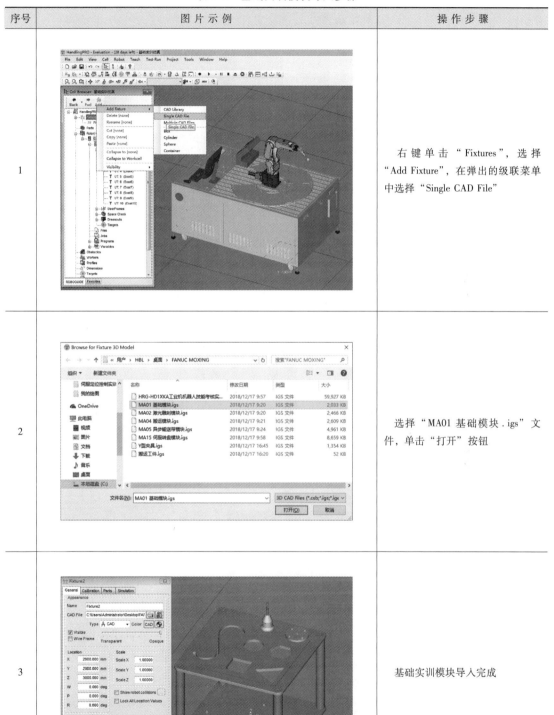	右键单击"Fixtures",选择"Add Fixture",在弹出的级联菜单中选择"Single CAD File"
2		选择"MA01 基础模块 .igs"文件,单击"打开"按钮
3		基础实训模块导入完成

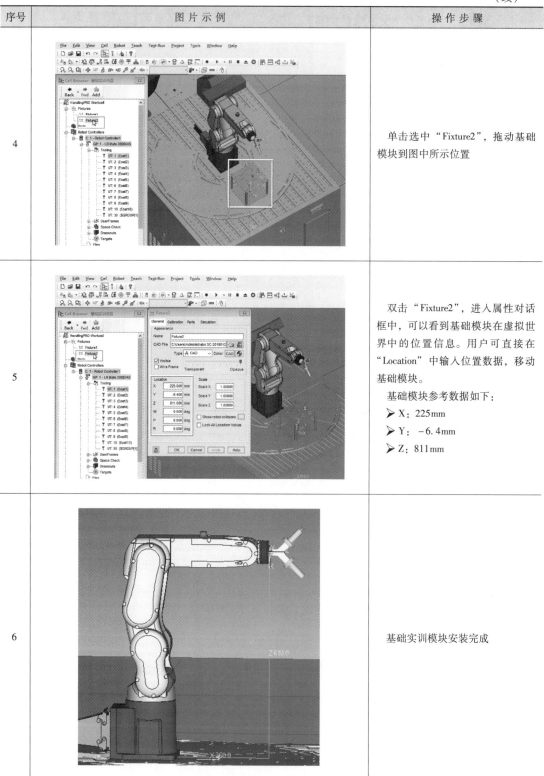

（续）

序号	图 片 示 例	操 作 步 骤
4		单击选中"Fixture2"，拖动基础模块到图中所示位置
5		双击"Fixture2"，进入属性对话框中，可以看到基础模块在虚拟世界中的位置信息。用户可直接在"Location"中输入位置数据，移动基础模块。 基础模块参考数据如下： ➢ X：225mm ➢ Y：-6.4mm ➢ Z：811mm
6		基础实训模块安装完成

9.2.3 坐标系创建

1. 创建工具坐标系

创建工具坐标系详细操作步骤见表9-6。

表9-6 工具坐标系创建步骤

序号	图片示例	操作步骤
1	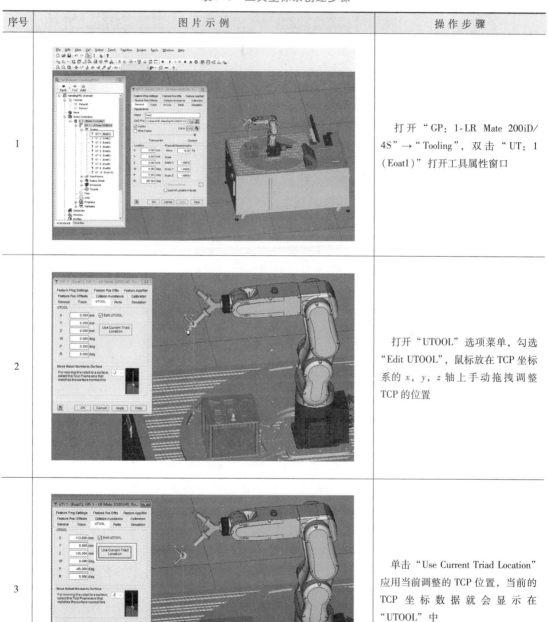	打开"GP：1-LR Mate 200iD/4S"→"Tooling"，双击"UT：1（Eoat1）"打开工具属性窗口
2		打开"UTOOL"选项菜单，勾选"Edit UTOOL"，鼠标放在TCP坐标系的 x、y、z 轴上手动拖拽调整TCP的位置
3		单击"Use Current Triad Location"应用当前调整的TCP位置，当前的TCP坐标数据就会显示在"UTOOL"中

（续）

序号	图 片 示 例	操 作 步 骤
4	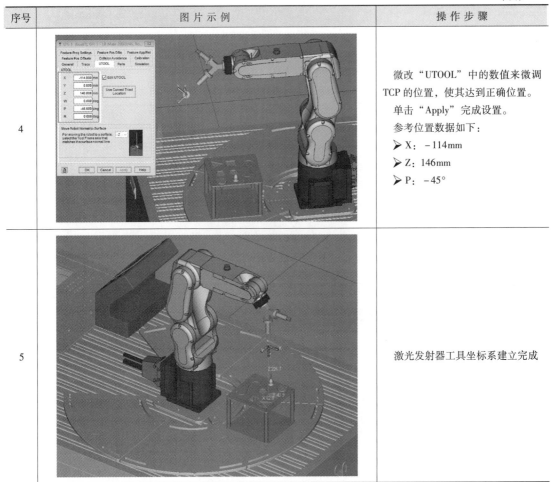	微改 "UTOOL" 中的数值来微调 TCP 的位置，使其达到正确位置。 单击 "Apply" 完成设置。 参考位置数据如下： ➤ X：-114mm ➤ Z：146mm ➤ P：-45°
5		激光发射器工具坐标系建立完成

2. 创建用户坐标系

基础模块用户坐标系创建的具体步骤见表 9-7。

表 9-7　基础实训模块用户坐标系创建步骤

序号	图 片 示 例	操 作 步 骤
1	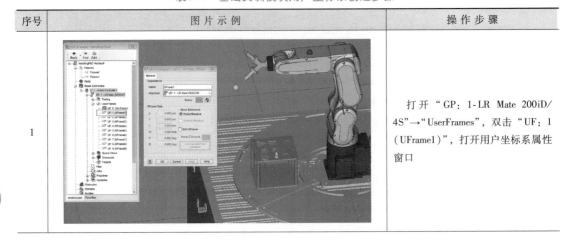	打开 "GP：1-LR Mate 200iD/4S"→"UserFrames"，双击 "UF：1（UFrame1）"，打开用户坐标系属性窗口

（续）

序号	图片示例	操作步骤
2		勾选 "Edit UFrame"，鼠标放在 UFrame1 坐标系的 x，y，z 轴上手动拖拽调整基础模块用户坐标系的位置
3		微调 "UFrame Data" 中的数值来移动 UFrame3 的位置，使其达到正确位置。单击 "Apply" 完成设置。 UFrame Data 参考数据如下： ➢ X：406mm ➢ Y：−82mm ➢ Z：−180mm ➢ R：90°
4		基础模块用户坐标系建立完成

9.2.4 基础路径创建

本节将使用虚拟示教器示教点位的方法进行路径的创建，详细操作步骤见表9-8。

表9-8 路径编程步骤

序号	图片示例	操作步骤
1	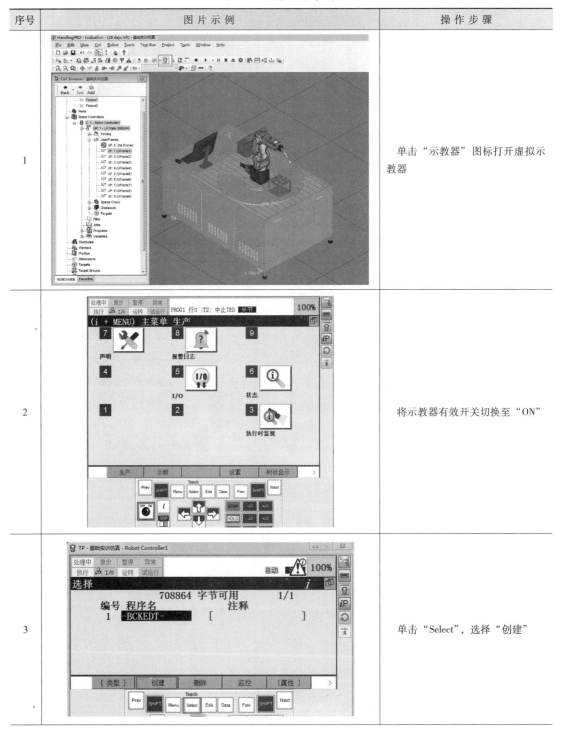	单击"示教器"图标打开虚拟示教器
2		将示教器有效开关切换至"ON"
3		单击"Select"，选择"创建"

（续）

序号	图 片 示 例	操 作 步 骤
4	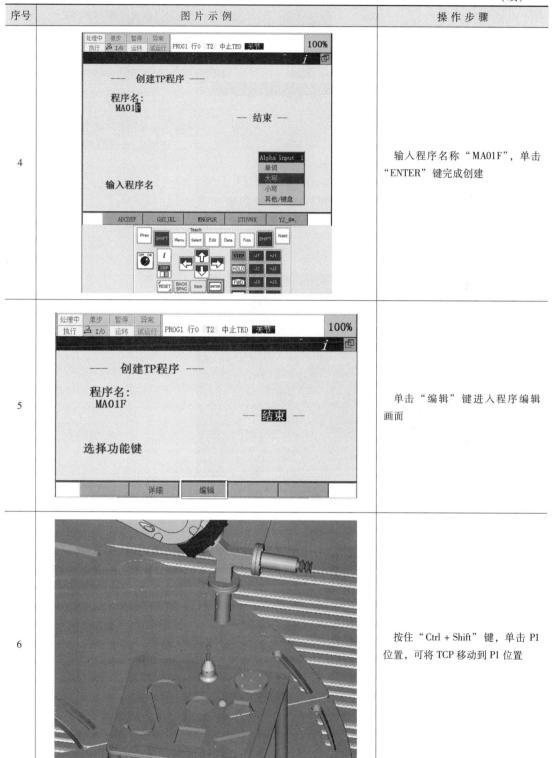	输入程序名称"MA01F"，单击"ENTER"键完成创建
5		单击"编辑"键进入程序编辑画面
6		按住"Ctrl + Shift"键，单击 P1 位置，可将 TCP 移动到 P1 位置

智能制造与机器人应用技术

（续）

序号	图片示例	操作步骤
7	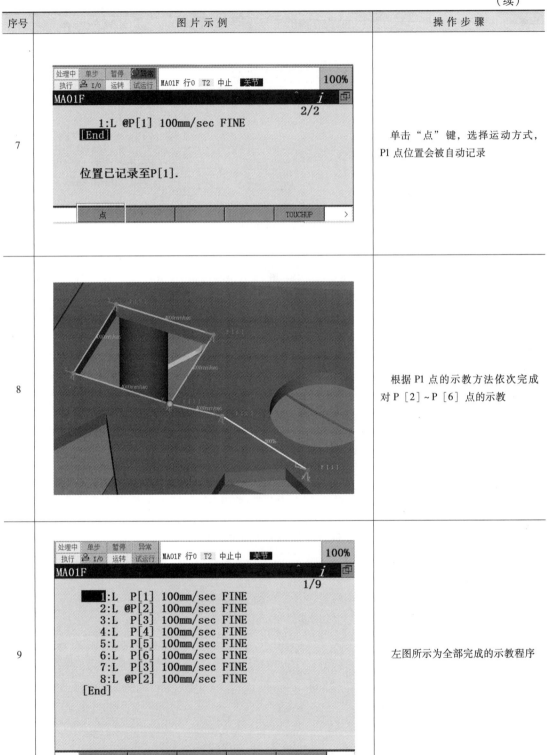	单击"点"键，选择运动方式，P1点位置会被自动记录
8		根据 P1 点的示教方法依次完成对 P [2] ~ P [6] 点的示教
9		左图所示为全部完成的示教程序

166

（续）

序号	图 片 示 例	操 作 步 骤
10	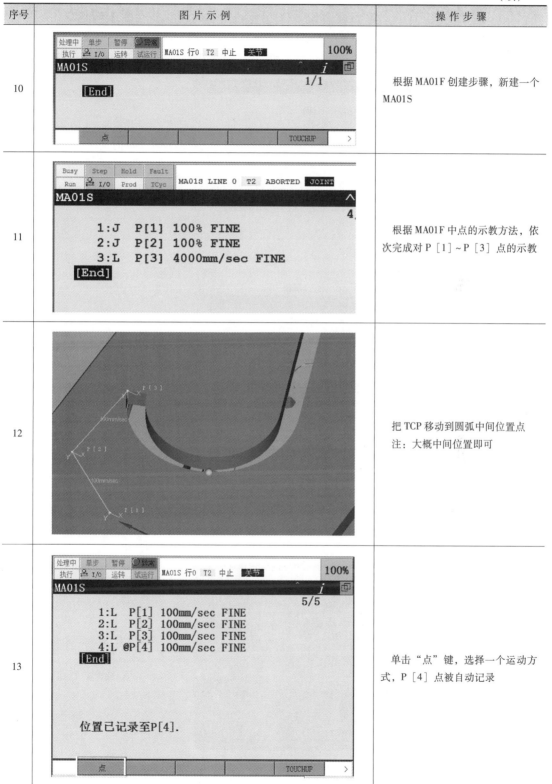	根据MA01F创建步骤，新建一个MA01S
11		根据MA01F中点的示教方法，依次完成对P［1］~P［3］点的示教
12		把TCP移动到圆弧中间位置点 注：大概中间位置即可
13		单击"点"键，选择一个运动方式，P［4］点被自动记录

（续）

序号	图 片 示 例	操 作 步 骤
14	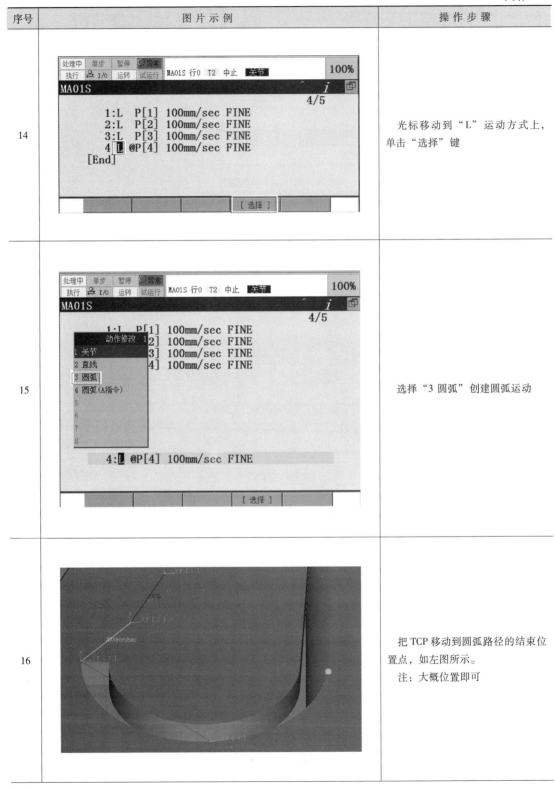	光标移动到"L"运动方式上，单击"选择"键
15		选择"3 圆弧"创建圆弧运动
16		把TCP移动到圆弧路径的结束位置点，如左图所示。 注：大概位置即可

（续）

序号	图 片 示 例	操 作 步 骤
17	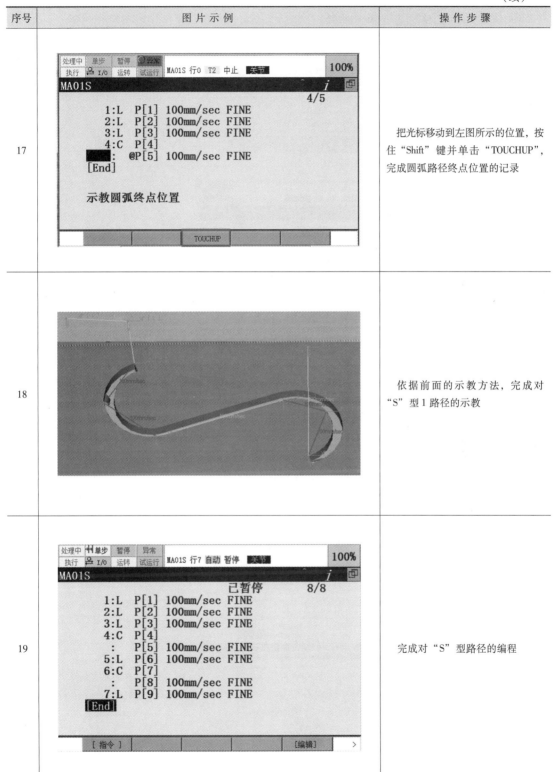	把光标移动到左图所示的位置，按住"Shift"键并单击"TOUCHUP"，完成圆弧路径终点位置的记录
18		依据前面的示教方法，完成对"S"型1路径的示教
19		完成对"S"型路径的编程

（续）

序号	图片示例	操作步骤
20		新建程序 MA01
21		按下 Next 键，单击"指令"选择"6 调用"
22		单击"1 调用程序"选择"MA01F"
23		采用同样的方式选择"MA01S"，程序创建完成

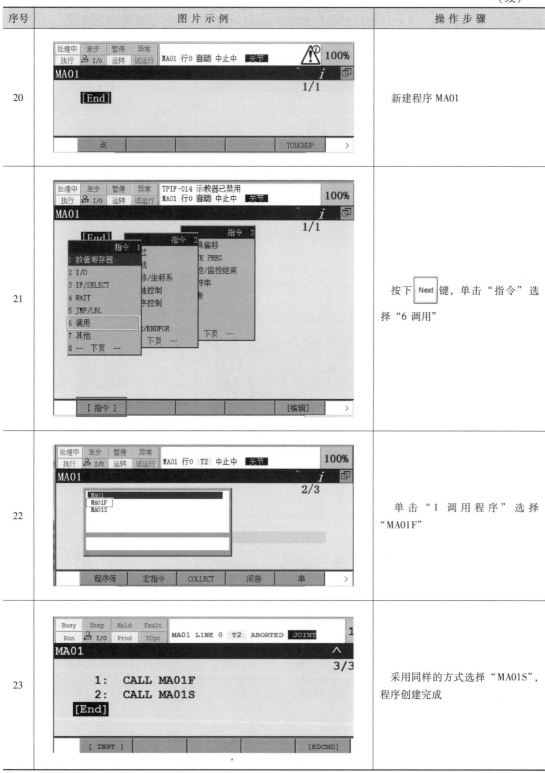

9.2.5 仿真程序运行

仿真运行可以让机器人执行当前程序,沿着示教好的路径移动,在 ROBOGUIDE 软件中运行仿真的步骤见表 9-9。

表 9-9 仿真运行步骤

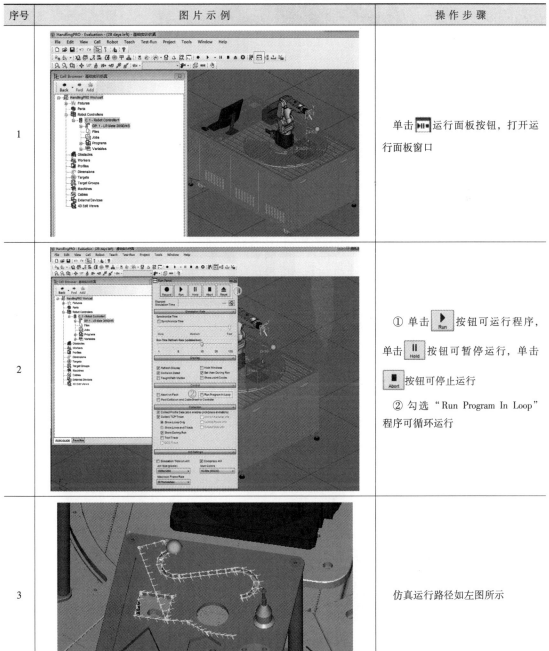

序号	图 片 示 例	操作步骤
1		单击 ▶Ⅱ■ 运行面板按钮,打开运行面板窗口
2		① 单击 ▶Run 按钮可运行程序,单击 ⅡHold 按钮可暂停运行,单击 ■Abort 按钮可停止运行 ② 勾选"Run Program In Loop"程序可循环运行
3		仿真运行路径如左图所示

9.3 智能工厂虚拟仿真技术

智能工厂是实现智能制造的重要载体，智能工厂主要通过构建智能化生产系统、网络化分布生产设施，来实现生产过程的智能化。借助虚拟仿真技术，通过集成、仿真、分析、控制等手段，可为智能工厂的生产全过程提供全面管控。

24. 智能工厂
虚拟仿真技术

9.3.1 智能工厂虚拟仿真概念

智能工厂的虚拟仿真技术是以产品全生命周期的相关数据为基础的，采用虚拟仿真技术对制造环节中从工厂规划、建设到运行等不同环节进行模拟、分析、评估、验证和优化，指导工厂的规划和现场改善。

智能工厂虚拟仿真系统不是简单的场景漫游，是真正意义上用于指导生产的仿真系统，它结合用户业务层功能和数据库数据组建一套完全的仿真系统，可与企业 ERP、MIS 系统无缝对接，从而实现企业利用虚拟平台实时地管理工厂的目的。

智能工厂虚拟仿真所涵盖的范围很广，从简单的单台工作站上的机械装配模拟与多人在线协同演练系统，到利用虚拟环境管理与控制工厂的生产及设备运行。随着智能制造技术的进一步发展，智能工厂虚拟仿真系统将越来越多的被应用于企业的生产实践。

9.3.2 智能工厂虚拟仿真软件

1. Tecnomatix

Tecnomatix（见图 9-14）是德国西门子公司所开发的一套全面的数字化制造解决方案组合，可帮助企业对制造及生产流程进行数字化改造。Tecnomatix 包括 Process Designer 13、Process Simulate 13、Plant Simulation 13 和 RobotExpert 13 等组件，分别用于制造过程设计、制造过程仿真、工厂仿真和机器人仿真。

图 9-14　Tecnomatix 界面

Tecnomatix 专为汽车与运输、航空航天与国防、重型设备机械、消费品包装以及电子与半导体行业用户而设计。Tecnomatix 可指导制造商在预生产阶段规划和验证制造流程并优化整个制造系统。软件提供的创新功能旨在优化数字工厂布局和机器人的利用等。

Tecnomatix 界面如图 9-14 所示。

Tecnomatix 的主要功能包括：

（1）零件规划与验证 通过 Tecnomatix 零件规划与验证模块，零部件制造公司可以准确高效地定义制造流程计划，并直接将其与生产系统关联起来。通过 Tecnomatix 的零件规划功能，可以重复使用经过检验的制造流程，从而缩短规划时间，减少错误和延迟。Tecnomatix 零件规划与验证功能示意图如图 9-15 所示。

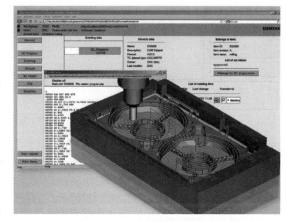

（2）装配规划与验证 Tecnomatix 装配规划与验证模块能够以虚拟方式设计和评估装配工艺方案，帮助用户制定用于制造产品的最佳计划。在装配规划和验证软件环境中，用户还可以重用经过验证的解决方案和最佳实践，从而减少装配规划任务。

图 9-15 零件规划与验证

（3）质量管理 Tecnomatix 的质量管理解决方案用于对整个企业的关键产品质量数据进行识别、分析和共享。并且，Tecnomatix 可以对设计、制造和生产领域与产品质量特征相关的关键信息进行可视化，使质量改进团队能够获得所需的信息，从而对质量进行有效的管理。质量管理操作界面如图 9-16 所示。

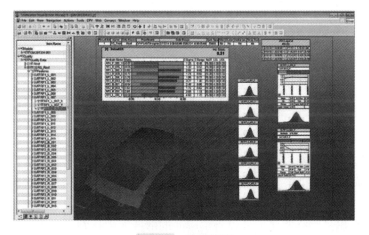

图 9-16 质量管理

（4）工厂设计及优化 借助 Tecnomatix 工厂设计与优化功能，企业能够更快地制作工厂模型，并确保在投产前使这些模型以最高的效率运转。通过让工程师在虚拟工厂中看到计划成果，可使企业避免浪费宝贵的资源来解决现实工厂中的问题。工厂设计及优化操作界面如图 9-17 所示。

（5）机器人与自动化规划　借助 Tecnomatix 机器人与自动化规划，企业能够通过产品生命周期管理平台，以虚拟方式开发、仿真和调试机器人与其他自动化制造系统。从生产专用产品的工厂到综合采用多种生产方式的混合模式生产厂，均可以应用这些系统。机器人与自动化规划操作界面如图 9-18 所示。

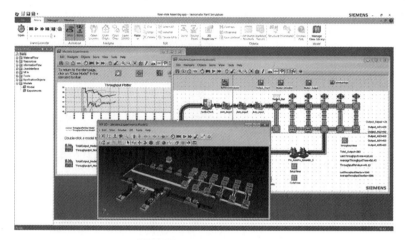

图 9-17　工厂设计及优化

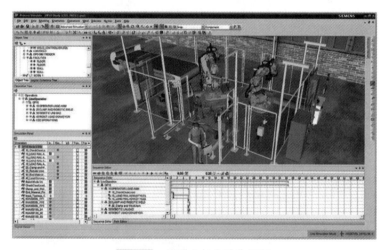

图 9-18　机器人与自动化规划

2. Visual Components

Visual Components 提供了一整套的智能工厂虚拟仿真解决方案，软件提供免费的产业标准数据库，包括机器人设备、输送设备、自动仓储设备、物流设备、工装工具设备、数控加工设备等，用户可以从网络共享的各设备供应商的部件库中找到所需素材，根据需求快速设计仿真应用。

该软件提供仿真环境中机器人的快速示教功能，并提供灵活的碰撞监测、可达空间确认与干涉确认等功能，能够有效地模拟现实情景。用户对机器人动作示教完成后，可快速导出机器人程序，实现机器人 OLP 离线自动编程（机器人路径自动生成与后处理）。通过软件内置的分析统计和报告工具，可计算产能及分析生产瓶颈、加工时间、利用率等，在仿真模拟阶段即可有效地分析工厂生产能力。

Visual Components 的界面如图 9-19 所示。

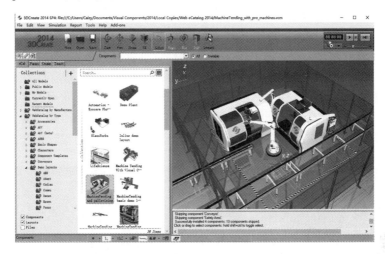

图 9-19　Visual Components 界面

9.3.3　智能工厂虚拟仿真应用领域

1. 配置工厂布局

随着三维数字化技术的发展，传统的以经验为主的模拟设计模式逐渐转变为基于三维建模和仿真的虚拟设计模式。智能工厂虚拟仿真系统可用于工厂布局仿真，如新建厂房规划、生产线规划、仓储物流设施规划和分析等。用户可通过虚拟仿真软件在三维虚拟环境中设计装配线、设备和工具，通过数字化配置工厂布局，优化工厂空间，提高资金利用率，如图 9-20 所示。

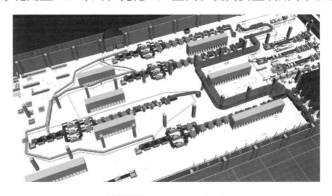

图 9-20　工厂布局仿真

2. 优化生产过程

虚拟仿真技术可用于对生产流程进行优化。例如，高度自动化的生产线通常由可编程逻辑控制器（PLC）系统进行控制，通过虚拟仿真软件可以在虚拟环境中调试 PLC 代码，待调试无误后再将其下载到生产设备。这大大缩短了程序调试时间，并确保在程序启动时正确有效地运行。又如，通过虚拟仿真软件的装配仿真模块，用户可以在投产前虚拟验证所有装配流程操作步骤及其细节，进而缩短整体规划流程时间，一次性交付高质量产品。

3. 辅助后期运维

目前的智能工厂重建设轻运营，智能工厂建设难，运营维护更难。很多企业的智能工厂示范线开动率不高，其背后的运营人才缺少、管理水平不成熟、维护成本高等因素使得智能工厂未发挥其真正市场价值。虚拟仿真技术在智能工厂的后期运维中能发挥重要作用。

（1）员工培训　借助于虚拟仿真技术，生产环节可以以三维方式呈现在计算机屏幕上，便于对企业员工进行培训，如图9-21所示。一旦员工熟练掌握工艺流程，对设备的误操作率就会降低，进而提高了设备利用率和安全生产系数，这对流程工业而言是至关重要的。此外，员工通过计算机上的高保真模拟器，可以积累工艺经验和故障诊断经验，提高处理紧急状况或异常工况的能力，进而提高工厂的安全性，延长工厂设备的实际投产时间。

图9-21　员工培训　　　　　　　　　　图9-22　运行维护

（2）运行维护　虚拟仿真技术使服务和维护工作可以更高效进行。例如，过去人工巡检全厂需要一天时间，而通过3D虚拟工厂巡检只要几十分钟，且更易发现隐蔽的异常情况；以前汽车厂的设备检修烦琐复杂，设备拆解、组装费时费力，现在结合状态监测的3D可视化设备（如虚拟现实眼镜）（见图9-22），不仅检修效率得到提高，还可以远程进行检测操作。

小　结

虚拟仿真技术就是一种用虚拟的计算机系统模仿真实系统的技术，可用于工业生产的各个环节，对企业提高开发效率，减少决策失误起到了重要的作用。本章介绍了两种典型的虚拟仿真技术：工业机器人离线编程技术和智能工厂虚拟仿真技术。通过使用虚拟仿真技术，可以提高部件质量，缩短产品的上市时间。

思　考　题

1. 机器人目前常用的编程方式有哪两种？
2. 简述使用ROBOGUIDE创建机器人工作站的过程。
3. 简述工业机器人离线编程应用领域。
4. 请简要列举智能工厂虚拟仿真软件。
5. 智能工厂虚拟仿真技术有哪些具体应用？

参 考 文 献

[1] 张明文. 工业机器人基础与应用 [M]. 北京：机械工业出版社，2018.

[2] 张明文. 工业机器人技术基础及应用 [M]. 哈尔滨：哈尔滨工业大学出版社，2017.

[3] 张明文. 工业机器人技术人才培养方案 [M]. 哈尔滨：哈尔滨工业大学出版社，2017.

[4] 张明文. 工业机器人离线编程 [M]. 武汉：华中科技大学出版社，2017.

[5] 张明文. 工业机器人编程及操作（ABB 机器人）[M]. 哈尔滨：哈尔滨工业大学出版社，2017.

[6] 李瑞峰. 工业机器人设计与应用 [J]. 哈尔滨：哈尔滨工业大学出版社，2017.

[7] 董春利. 机器人应用技术 [M]. 北京：机械工业出版社，2014.

[8] NIKU S B. 机器人学导论 [M]. 孙富春，朱纪洪，刘国栋，译. 北京：电子工业出版社，2004.

[9] 蔡自兴，谢斌. 机器人学 [M]. 3 版. 北京：清华大学出版社，2015.

[10] SAHA S K. 机器人导论 [M]. 付宜利，张松源，译. 哈尔滨：哈尔滨工业大学出版社，2017.

[11] 张明文. 工业机器人专业英语 [M]. 武汉：华中科技大学出版社，2017.

[12] 杨晓钧，李兵. 工业机器人技术 [M]. 哈尔滨：哈尔滨工业大学出版社，2015.

[13] 兰虎. 工业机器人技术及应用 [M]. 北京：机械工业出版社，2014.

[14] 乔新义，陈冬雪，张书健，等. 喷涂机器人及其在工业中的应用 [J]. 现代涂装，2016 (8)：53-55.

[15] 谷宝峰. 机器人在打磨中的应用 [J]. 机器人技术与应用，2008 (3)：27-29.

[16] 刘伟，周广涛，王玉松. 焊接机器人基本操作及应用 [M]. 北京：电子工业出版社，2012.

[17] 辛国斌，田世宏. 智能制造标准案例集 [M]. 北京：电子工业出版社，2016.

[18] 张明文. 工业机器人入门实用教程（SCARA 机器人）[M]. 哈尔滨：哈尔滨工业大学出版社，2017.

[19] 蒋明炜. 机械制造业智能工厂规划设计 [J]. 智能制造，2017 (10).

[20] 田锋. 精益研发2.0 [M]. 北京：机械工业出版社，2016.

[21] 奥拓·布劳克曼. 智能制造：未来工业模式和业态的颠覆与重构 [M]. 北京：机械工业出版社，2015.

[22] 李杰. 工业大数据：工业4.0时代的工业转型与价值创造 [M]. 邱佰华，等译. 北京：机械工业出版社，2015.

[23] 王喜文. 工业4.0：最后一次工业革命 [M]. 北京：电子工业出版社，2015.

[24] 郑树泉，宗宇伟. 工业大数据架构与应用 [M]. 上海：上海科学技术出版社，2017.

[25] 陈明. 智能制造之路：数字化工厂 [M]. 北京：机械工业出版社，2012.

[26] 胡成飞. 智能制造体系构建面向中国制造2025的实施路线 [M]. 北京：机械工业出版社，2012.

[27] 谭建荣. 智能制造关键技术与企业应用 [M]. 北京：机械工业出版社，2017.